前沿文化 编著

Photoshop CC 案例版

图像处理与特效设计

U0310111

科学出版社

北京

内 容 简 介

本书拒绝脱离实际的单纯软件讲解，以实用案例贯穿全书，让读者在学会软件的同时迅速掌握实际应用能力。全书精心选取了 96 个常用实际案例，每个案例都有详细的制作步骤，且阐述了制作关键、技能与知识要点；在每章的最后，共设计了 28 个上机实战，帮助您巩固所学知识，并进一步提高图像处理与特效设计的能力。

本书内容全面，讲解清晰，共分为 8 章，由浅入深地介绍了图像修饰与修复处理、图像特效处理、炫酷背景特效设计、质感特效设计、图像视觉特效设计、图像创意与特效合成、神奇的特效艺术字设计、手绘特效和商业设计等内容。

本书适合 Photoshop 初、中级读者使用，又可供 Photoshop 图像处理与特效设计从业人员及艺术设计师参阅，同时还可以作为大中专院校相关专业及各类社会培训学校的教学参考用书。

图书在版编目（CIP）数据

实战：Photoshop CC 图像处理与特效设计：案例版/前沿文化编著. —北京：科学出版社，2016.3
ISBN 978-7-03-047248-9

Ⅰ. ①实… Ⅱ. ①前… Ⅲ. ①图像处理软件—程序设计 Ⅳ. ①TP391.41

中国版本图书馆 CIP 数据核字（2016）第 022879 号

责任编辑：潘秀燕　胡文锦　魏　胜/责任校对：杨慧芳
责任印刷：华　程　　　　　　　　　　/封面设计：宝设视点

科 学 出 版 社 出版
北京东黄城根北街 16 号
邮政编码：100717
http://www.sciencep.com

北京天颖印刷有限公司印刷
中国科技出版传媒股份有限公司新世纪书局发行　　各地新华书店经销

*

2016 年 4 月第　一　版　　　　开本：720×980 1/16
2016 年 4 月第一次印刷　　　　印张：25 1/4
字数：614 000

定价：76.00 元（含 1DVD 价格）
（如有印装质量问题，我社负责调换）

Photoshop CC是由美国Adobe公司开发的一款市面上最优秀的图像处理软件，具有易于操作、功能强大的特点，被广泛应用于图像处理与特效设计领域。

本书特点

《实战——Photoshop图像处理与特效设计（案例版）》一书，从"学以致用"的角度出发，系统并全面地给读者讲解了Photoshop图像处理与特效设计的相关案例。本书具有以下特点。

行业经验，学以致用

本书拒绝脱离实际应用的单纯软件讲解，以实用案例贯穿全书，让读者在学会软件的同时迅速掌握实际应用能力。首先给读者讲解Photoshop图像处理的相关应用，然后讲解Photoshop在特效设计领域中的相关应用。快速让您从"外行"转化提升到"设计达人"的水平。

案例丰富，讲解细致

作者从工作实践中精选百余个典型案例，全面涵盖了Photoshop图像修饰与修复处理、图像特效处理、超炫背景特效设计、质感特效设计、图像视觉特效设计、图像创意合成特效设计、艺术字特效设计及手绘与商业特效设计等诸多实战领域。每个案例制作前，先对设计构思和技术点进行总体分析；在详细的分解制作过程中，对制作关键点和软件知识点进行深入讲解，随时融入作者的设计经验和制作技巧；每章最后还设有技能拓展，以设计梗概步骤引导读者自己制作，进一步巩固所学知识和技能，使读者真正学得会、用得上。

视频教学，轻松学会

本书配送一张多媒体教学光盘，包含了书中所有实例的素材文件和结果文件，方便读者学习时同步练习。并且还配送有全书122个重点应用案例的视频教学录像，播放时间长达15.5小时，书盘结合学习，其效果立竿见影。

适用读者

- 大、中专职业院校设计专业的学生和社会职业培训的相关学生；
- 即将走向设计岗位，但缺乏行业经验和实战经验的读者；
- 想提高Photoshop图像处理与特效设计水平的读者；
- 广大Photoshop图像处理爱好者。

◎ 读者服务

　　凡购买本书的读者，均可申请加入读者学习交流与服务QQ群（群号：363300209）。我们将不定期举办免费的IT技能网络公开课，欢迎加群了解详情。

◎ 作者致谢

　　本书由前沿文化与中国科技出版传媒股份有限公司新世纪书局联合策划。参与本书编创的人员都具有丰富的实战经验和一线教学经验，并已编写出版过多本计算机相关书籍。在此，向所有参与本书编创的人员表示感谢！最后，真诚感谢读者购买本书。您的支持是我们最大的动力，我们将不断努力，为您奉献更多、更优秀的计算机图书！由于计算机技术发展非常迅速，加上编者水平有限，书中疏漏和不足之处在所难免，敬请广大读者及专家批评指正。

编　者

2016年1月

图书阅读说明

同步训练——跟着大师做实例

Photoshop 中滤镜操作简单、功能强大，通过使用各种滤镜，不仅能清除和修饰照片，还可以为图像应用素描、扭曲等特殊滤镜艺术效果。下面为读者介绍一些经典的图像特效，希望读者能跟着我们的讲解，一步一步地做出与书同步的效果。

学习锦囊 为了方便学习，本节相关实例的素材文件、结果文件，以及同步教学文件可以在配套的光盘中查找，具体内容路径如下。

原始素材文件：光盘\素材文件\第3章\同步训练
最终结果文件：光盘\结果文件\第3章\同步训练
同步教学文件：光盘\多媒体教学文件\第3章\同步训练

案例 01 棱角分明的淡紫光束

案例效果

制作分析

制作关键

本例难易度 ★ ★ ☆ ☆

本实例主要通过创建椭圆选区，并进行填充变形，然后复制图形移动至合适位置，最后设置画笔参数绘制圆点，完成制作。

技能与知识要点

• "自由变换"的使用 • 图层混合模式的

同步训练
为本书重点模块，通过大量不同类型的典型案例讲授软件操作与实战技能

学习资料
实例配套的原始素材、最终结果文件和视频教程在光盘中的具体位置

案例效果
案例最终效果图或前后对比效果图展示

制作分析
包括案例的难易度提示，关键制作步骤概述，及所应用到的核心软件功能和工具命令

门径指津

01 新建文档。 执行"文件→新建"命令，打开"新建"对话框（新建快捷键：【Ctrl+N】），新建一个宽度为800像素、高度为600像素、分辨率为300像素/英寸的文档，如左下图所示。

02 创建椭圆选区。 设置前景色为黑色，按【Alt+Delete】快捷键填充颜色，选择工具箱中的"矩形选框工具"，在图像中按住鼠标左键拖动创建一个椭圆；执行"选择→修改→羽化"命令，打开"羽化选区"对话框（羽化选区快捷键：【Shift+F6】），参数设置如右下图所示。

大师心得 如果需要多次修改眼睛颜色，可以在创建选区后按【Ctrl+J】快捷键复制选区为新的图层，再进行眼睛颜色的调整，如果对当前调整的颜色不满意，可以继续进行调整，并且不会影响眼睛原来的颜色。

知识扩展 **干画笔** "干画笔"滤镜是使用干画笔技术来绘制图像边缘，此滤镜通过将图像的颜色范围降到普通颜色范围来简化图像。

上机实战——跟踪练习成高手

通过前面内容的学习，相信读者对Photoshop特效艺术字的功能已有所认识和掌握，为了巩固前面知识与技能的学习，下面安排一些典型实例，让读者自己动手，根据光盘中的素材文件与操作提示，独立完成这些实例的制作，达到举一反三的学习目的。

本 章 小 结

本章主要介绍在制作背景时常常使用滤镜完成一些特殊的效果，在使用滤镜时需仔细选择，以免因为变化幅度过大而失去每个滤镜的风格，处理过度的图像只能作为样品或范例，但它们不是最好的艺术品，使用滤镜还应根据艺术创作的需要，有选择地进行，这样所制作出的作品才具有逼真效果。

具体步骤
通过一步一图的形式详细讲解案例的具体制作过程

大师心得
将作者的制作经验和操作技巧分享给大家

知识扩展
对相关知识点进行知识延伸和补充式扩展讲解

上机实战
通过一些简要步骤提示的案例，让读者自己动手独立完成制作，达到巩固所学和举一反三的目的

本章小结
针对本章所讲内容进行总结，帮助读者回顾并加深对重要知识点的记忆

光盘使用说明

如果您的计算机不能正常播放教学视频，请先单击"视频播放插件安装"按钮 ❶，安装视频播放所需的解码驱动程序

主界面操作

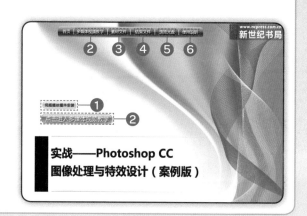

1 单击可安装视频所需的解码驱动程序
2 单击可进入本书多媒体视频教学界面
3 单击可打开书中实例的素材文件
4 单击可打开书中实例的最终效果源文件
5 单击可浏览光盘文件
6 单击可查看光盘使用说明

播放界面操作

1 单击可打开相应视频
2 单击可播放/暂停播放视频
3 拖动滑块可调整播放进度
4 单击可关闭/打开声音
5 单击按钮或双击播放画面可以进行全屏播放，再次单击按钮或双击画面便可退出全屏播放

光盘文件说明

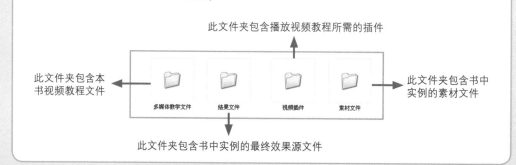

此文件夹包含播放视频教程所需的插件

此文件夹包含本书视频教程文件

多媒体教学文件　　结果文件　　视频插件　　素材文件

此文件夹包含书中实例的素材文件

此文件夹包含书中实例的最终效果源文件

第 1 章　图像修饰与修复处理　　　1

第 2 章　图像特效处理　　　37

第 3 章　炫酷背景特效设计　　　　73

第 4 章 质感特效设计 131

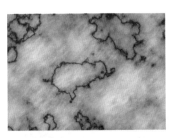

第 5 章 图像视觉特效设计 173

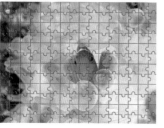

第6章　图像创意与特效合成　　219

第 7 章 神奇的特效艺术字设计 267

第 8 章 手绘特效和商业设计 315

图像修饰与修复处理

第 1 章

本章导读

　　照片处理是生活中应用最为广泛的一种技术，本章将讲解如何使用Photoshop CC进行图像修饰与修复处理，通过对本章的学习，读者可以轻松掌握图像修饰与修复的一些常用方法和技巧，从而制作出完美的视觉效果图像。

同步训练——跟着大师做实例

Photoshop具有强大的照片处理功能，可以快速对照片进行修饰和加工处理，实现完美修复数码照片效果。下面将介绍一些经典的图像修饰与修复，希望读者能跟着我们的讲解，一步一步地做出与书同步的效果。

为了方便学习，本节相关实例的素材文件、结果文件，以及同步教学文件可以在配套的光盘中查找，具体内容路径如下。

原始素材文件：光盘\素材文件\第1章\同步训练
最终结果文件：光盘\结果文件\第1章\同步训练
同步教学文件：光盘\多媒体教学文件\第1章\同步训练

案例 01 打造清新妆容

制作分析

本例难易度 ★☆☆☆☆	制作关键
	本实例主要是通过"混合器画笔工具"在眼睛周围涂抹添加清新妆容，然后在脸部涂抹添加腮红，完成制作。
	技能与知识要点
	• "打开"命令　　　　　　　　　　• "混合器画笔工具"的使用

具体步骤

01 打开素材。打开素材文件1-1-01.jpg，该图像人物为素颜效果，如左下图所示。

02 设置混合器画笔。选择工具箱中的"混合器画笔工具" ，单击"当前画笔载入"色块，设置绘画颜色为黄色（R：252、G：255、B：0）；单击"有用的混合画笔组合"下拉按钮，选择"非常潮湿"选项；设置"潮湿"为100%，"载入""混合"和"流量"均为50%，如右下图所示。

 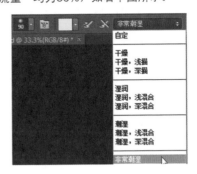

03 绘制下眼睑眼影。在人物下眼睑拖动鼠标，即可绘制出眼影效果，效果如左下图所示。

04 绘制眼影效果。在属性栏设置画笔大小为"柔边圆70px"，"绘制颜色"为绿色，在人物上眼睑拖动鼠标绘制眼影，如右下图所示。

05 设置混合器画笔。在属性栏设置画笔大小为"柔边圆175px"，绘制颜色为红色，混合画笔设置为湿润；设置"潮湿"为10%，"载入"为5%，"混合"为50%，"流量"为25%，如左下图所示。

06 绘制腮红效果。在人物脸颊拖动鼠标，为人物脸部添加腮红效果，如右下图所示。

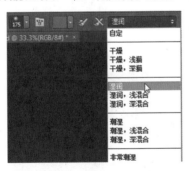 

知识扩展

　　"混合器画笔工具"具有强大的与画面混合功能，可以让不懂绘画的用户轻松地画出漂亮的画面，让专业人士如虎添翼。其主要用于将普通照片通过手绘方式绘制成精美的绘画作品。如果使用了专业的绘图板，Photoshop CC会自动感知画笔状态，包括倾斜角度、压力等。

案例 02 睫毛快速种出来

案例效果

Before

After

制作分析

本例难易度 ★★★☆☆	制作关键
	本实例主要是通过设置画笔的"形状动态"、"传递"选项，然后在图像中绘制浓密睫毛，完成制作。
	技能与知识要点
	• "画笔工具"的使用

具体步骤

01 选择制作工具。打开素材文件1-2-01.jpg，设置前景色为黑色，单击"图层"面板的"创建新图层"按钮 🔳（新建图层快捷键：【Ctrl+Shift+N】），得到"图层1"，选择工具箱中的"画笔工具" ，单击选项栏中的"切换至画笔面板"按钮，如左下图所示。

02 打开参数面板。在打开的"画笔"面板中选择"沙丘草"画笔样式，其他参数设置如右下图所示。

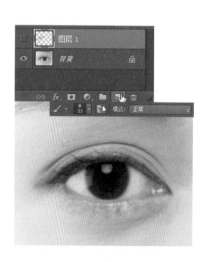

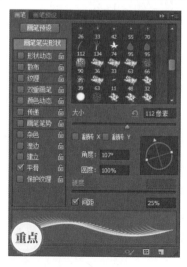

新建图层与新建空白图层

【Ctrl+J】快捷键主要是复制图层或选区中的图像，并将图像创建为图层；【Ctrl+Shift+N】快捷键主要是创建新的空白图层。

03 设置睫毛参数。选择"传递"选项，设置控制为"渐隐"，如左下图所示。

04 开始绘制。将鼠标指针指向人物眼睛位置，出现黑色画笔笔尖形状，单击鼠标并按住左键不放绘制睫毛，完成效果如下图所示。

05 调整参数。如果已经关闭"画笔面板"，按【F5】键再次打开"画笔"面板，设置参数如左下图所示。

06 完成绘制。不断地调整画笔的大小和角度，添加逼真的睫毛，最终效果如下图所示。

单击工具箱中的"画笔工具" ，然后单击工具选项栏中的"切换至画笔面板"按钮 ，可在绘制过程中根据睫毛粗细长短的不同，不断在"画笔"面板中调整画笔的"大小"和"角度"等参数，绘制出逼真的睫毛。

案例 **03** 打造性感珠光唇彩

案例效果

Before

After

制作分析

本例难易度	**制作关键**		
★★☆☆☆	本实例主要通过填充嘴唇区域，然后添加杂色滤镜，以增加璀璨的效果，最后添加光晕，完成制作。		
	技能与知识要点		
	• "杂色"命令	• 图层混合模式的使用	• "镜头光晕"命令

具体步骤

01 复制图层。打开素材文件1-3-01.jpg，按【Ctrl+J】快捷键复制"背景"图层，得到"图层1"，如左下图所示。

02 绘制路径。使用工具箱中的"钢笔工具" ，在嘴唇处创建路径，如右下图所示。

03 将路径转换为选区。按【Ctrl+Enter】快捷键将路径转换为选区，按【Shift+F6】快捷键弹出"羽化选区"对话框。设置"羽化半径"为2像素，如左下图所示。

04 调整颜色。按【Ctrl+J】快捷键快速复制选区内容，得到"图层2"。按【Ctrl+B】快捷键打开"色彩平衡"对话框，输入参数值为65、-49和-11，效果如右下图所示。

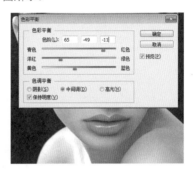

05 新建图层并载入选区。新建"图层3"。按住【Ctrl】键单击"图层2"，将"图层2"载入选区，如左下图所示。

06 羽化并填充选区。将选区进行羽化，"羽化半径"为5像素；将前景色设置为黑色，按【Alt+Delete】快捷键填充选区，完成效果如右下图所示。

07 更改混合模式。将"图层3"混合模式更改为"颜色减淡"，效果如左下图所示。

08 添加杂色。执行"滤镜→杂色→添加杂色"命令，在弹出的"添加杂色"对话框中设置"数量"为85%，"分布"为"高斯分布"，勾选"单色"复选项，如右下图所示。

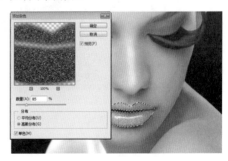

　　图层混合模式决定了当前图层像素如何与图像中的下层像素进行混合，使用混合模式可以创建各种特殊效果，需要提醒读者注意的是，图层混合模式中的"颜色减淡"、"颜色加深"、"变暗"、"变亮"、"差值"、"排除"模式不适用于Lab图像，适用于32位文件的图层混合模式，包括正常、溶解、变暗、正片叠底、线性减淡（添加）、颜色变暗、变亮、色相、饱和度、颜色和明度。

09 盖印可见图层。按【Shift+Ctrl+Alt+E】快捷键盖印图层，得到"图层4"；将"图层4"的不透明度更改为50%，如左下图所示。

10 添加光晕。执行"滤镜→渲染→镜头光晕"命令。在弹出的"镜头光晕"对话框中，拖动光晕中心到嘴唇位置，设置"亮度"为50%，"镜头类型"为电影镜头，如右下图所示。

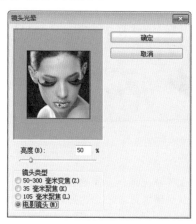

案例 **04** 牙齿快速美白

本例难易度 ★★☆☆☆	制作关键
	本实例先选取牙齿，通过设置"色阶"来减少牙齿的黄色，再通过"曲线"调整牙齿的亮度，完成制作。
	技能与知识要点
	• 复制图层　　　　　　• "色阶"命令　　　　　　• "曲线"命令

01 复制图层。打开素材文件1-4-01.jpg，按【Ctrl+J】快捷键复制"背景"图层，得到"图层1"，如左下图所示。

02 创建牙齿区域。选择工具箱中的"磁性套索工具" ，在牙齿边缘创建选区，如右下图所示。

知识扩展

复制"背景"图层时的注意事项

在Photoshop CC中打开图像文件，只有一个"背景"图层时，按【Ctrl+J】快捷键，复制的图层名为"图层1"；当文件中还有其他图层时，选择"背景"图层并按【Ctrl+J】快捷键，复制的图层名为"背景 拷贝"。如果打开文件即需要复制"背景"图层，将"背景"图层拖动到"图层"面板的"创建新图层"按钮 上再释放鼠标即可。

03 选择通道。执行"图像→调整→色阶"命令，打开"色阶"对话框（"色阶"命令的快捷键：【Ctrl+L】），如左下图所示。

04 减少黄色。设置相关参数，效果如右下图所示。完成后单击"确定"按钮。

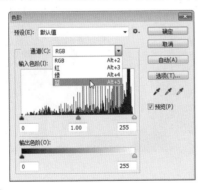 

大师心得

"色阶"对话框的RGB通道代表了图像的黑白灰场：左侧是白场，中间是灰场，右侧是黑场。在一般情况下，灰场的值是不能调整的，以免影响照片的整体质量。当照片呈现灰蒙蒙的状态时，可以调整"色阶"的黑白场使照片清晰起来。

05 调整牙齿亮度。按快捷键【Ctrl+M】打开"曲线"对话框，设置相关参数如左下图所示。

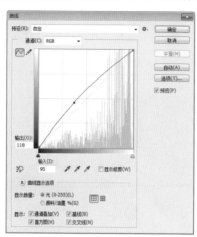

06 完成牙齿的美容。使用相同的方法，对没有修复到的牙齿区域进行细微调整，最终效果如下图所示。

大师心得

当牙齿染上各种色素变黑变黄时，为了使照片上的牙齿洁白整齐，使用"减淡工具" 🔍，或通过调整"色彩平衡"、"色相/饱和度"、"色阶"参数，都可以达到快速为牙齿除黄增白的效果。

案例 05 让人物脸部轮廓更突出

案例效果

制作分析

本例难易度 ★★☆☆☆	制作关键
	本实例主要是通过复制背景图层，然后调整鼻梁与脸颊，最后调整图像亮度，完成制作。
	技能与知识要点
	• 向前变形工具　　　　　　　　　• 调整曲线

具体步骤

01 复制图层。打开素材文件1-5-01.jpg，复制"背景"图层得到"背景 拷贝"图层，如左下图所示。

大师心得

　　在使用Photoshop对照片进行处理时，要养成复制"背景"图层的习惯，这是在照片处理时极为重要的一个环节，如果不复制"背景"图层，当处理图像效果不满意时，不能还原，这对图像是一种毁灭性的破坏。

02 设置参数。执行"滤镜→液化"命令，弹出"液化"对话框，选择"向前变形工具"，勾选"高级模式"选项，设置画笔参数，如右下图所示。

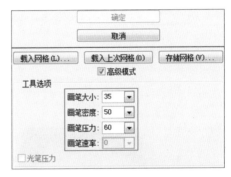

03 调整鼻梁。将鼠标指针放在人物鼻梁与鼻头的位置，按住鼠标左键向左拖动，如左下图所示。

04 调整参数。释放鼠标，设置画笔参数，如右下图所示。

知识扩展 液化

　　"液化"滤镜是修饰图像和创建艺术效果的强大工具，可用于推、拉、旋转、折叠和膨胀图像的任意区域。用户创建的扭曲可以是细微的，也可以是剧烈的，"向前变形工具"可向前推动像素。

05 缩小脸颊。设置完成后，将鼠标指针移至人物脸颊位置，按住鼠标左键向左进行拖动，调整完成后，单击"确定"按钮，完成效果如左下图所示。

06 调整亮度。按快捷键【Ctrl+M】，调整曲线形状；设置完成后，效果如右下图所示。

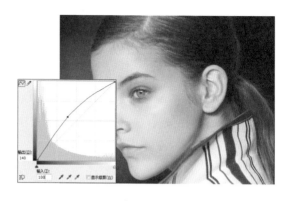

案例 06 打造迷人的双眼皮

案例效果

Before

After

制作分析

本例难易度 ★★★☆☆	制作关键
	本实例主要是通过绘制双眼皮的路径，然后将所绘制的路径转换为选区，最后使用"加深工具"对选区进行调整，完成制作。
	技能与知识要点
	• "钢笔工具"的使用　　　　　　　　• "加深工具"的使用

具体步骤

01 创建双眼皮轮廓。打开素材文件1-6-01.jpg，选择工具箱中的"钢笔工具" ，沿着眼睛绘制双眼皮的轮廓，如左下图所示。

02 选择眼皮颜色。按【Ctrl+Enter】快捷键将路径转换为选区；选择工具箱中的"吸管工具"，在内眼角处选择眼皮颜色，如右下图所示。

 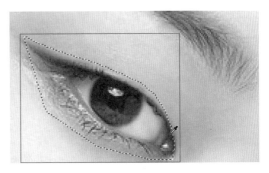

03 设置画笔大小并绘制眼睑。选择工具箱中的"加深工具"，设置画笔大小为20像素，沿着左侧选区的上方边缘单击并拖动，如左下图所示。

04 绘制眼皮。设置画笔大小为5像素，沿着左侧选区的上方边缘单击并拖动，将选区的颜色加深，如右下图所示。

画笔工具

　　"画笔工具"可通过拖动"流量"滑块来指定流动速率。"流量"指定油彩的涂抹速度，按数字键以10%的倍数设置工具的不透明度，按1设置为10%，按0设置为100%。可使用【Shift】键和数字键来设置"流量"。

知识扩展

05 加深选区边缘。选择工具箱中的"加深工具"，沿着左侧选区的边缘单击，将选区的颜色加深，如左下图所示。按照相同的操作方法加深右选区边缘，最终效果如右下图所示。

案例 **07** 快速为人物染发

案例效果

Before

After

制作分析

本例难易度 ★★★☆☆	制作关键
	本实例主要通过使用"画笔工具"，沿着头发的生长方向进行涂抹，然后对其添加"高斯模糊"滤镜以降低颜色不透明度，最后添加调整图层，统一整体色调。
	技能与知识要点
	• "高斯模糊"命令 • "画笔工具"的使用 • 调整图层

具体步骤

01 打开素材。打开素材文件1-7-01.jpg，如左下图所示。

02 绘制彩色曲线。创建新图层为"图层1"，选择工具箱中的"画笔工具" ，分别设置前景色为（R：156、G：21、B：172）、（R：12、G：63、B：148），选择笔触并设置画笔大小，在头发区域按住鼠标左键绘制曲线，如右下图所示。

03 添加"高斯模糊"滤镜。执行"滤镜→模糊→高斯模糊"命令，弹出"高斯模糊"对话框，设置参数如左下图所示。设置完成后，单击"确定"按钮，效果如右下图所示。

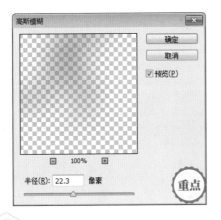

在使用"画笔工具"绘制人物头发中需要挑染的部分时，可选择较软的画笔沿着人物头发生长的位置进行绘制，这样制作出来的挑染效果比较自然。

04 设置图层模式。设置图层的混合模式为"颜色减淡"，如左下图所示，效果如右下图所示。

05 复制图层并创建调整图层。按【Ctrl+J】快捷键复制图层，加强效果，如左下图所示。在"调整"面板中，单击"创建新的颜色查找调整图层"按钮▦，如右下图所示。

06 设置参数。在"属性"面板中，设置"3DLUT文件"为"Kodak 5205 Fuji 3510"，如左下图所示。通过前面的操作，最终效果如右下图所示。

案例 08 调出柔嫩透明的肌肤效果

案例效果

Before

After

制作分析

	制作关键
本例难易度 ★★☆☆☆	本实例主要是通过"色彩平衡"命令调整图像的亮度，然后执行"可选颜色"命令调整图像颜色，最后，执行"照片滤镜"命令，修复偏黄颜色，完成制作。

技能与知识要点		
• "色彩平衡"命令	• "可选颜色"命令	• "照片滤镜"命令

具体步骤

01 复制图层。打开素材文件1-8-01.jpg，如左下图所示。按【Ctrl+J】快捷键复制"背景"图层，得到"背景 副本"图层。

02 设置"色彩平衡"参数。执行"图像→调整→色彩平衡"命令，打开"色彩平衡"对话框（色彩平衡快捷键：【Ctrl+B】），相关参数设置如右下图所示。

03 设置"可选颜色"参数。执行"图像→调整→可选颜色"命令,弹出"可选颜色"对话框,选择"红色",相关参数设置如左下图所示。选择"黄色",相关参数设置如右下图所示。

04 设置"照片滤镜"参数。执行"图像→调整→照片滤镜"命令,弹出"照片滤镜"对话框,相关参数设置如左下图所示。

05 选择"红"通道。切换至通道面板,按【Ctrl】键单击"红"通道缩览图,调出选区,如右下图所示。单击"RGB"通道显示复合色彩。

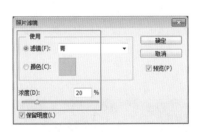
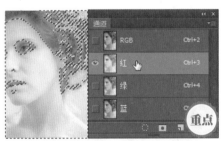

06 设置"曲线"参数。按【Ctrl+J】快捷键复制"背景 副本"图层,得到"背景 副本2"图层;按【Ctrl+M】快捷键调整曲线形状,如左下图所示。调整完成后,效果如右下图所示。

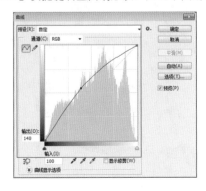

07 设置"照片滤镜"、"可选颜色"参数。执行"图像→调整→照片滤镜"命令，弹出"照片滤镜"对话框，相关参数设置如左下图所示。执行"图像→调整→可选颜色"命令，弹出"可选颜色"对话框，选择"红色"，相关参数设置如右下图所示。

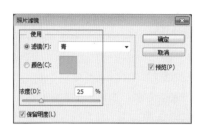
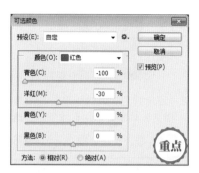

08 设置"可选颜色"参数。选择"黄色"，相关参数设置如左下图所示。设置完成后，最终效果如右下图所示。

案例 **09** 去除人体多余脂肪

制作分析

本例难易度 ★★★☆☆	制作关键
	本实例主要通过设置"向前变形工具"参数，然后对需要瘦身的部位进行瘦身，并使用"修补工具"去除多余的赘肉，最后调整腰部的亮度，完成制作。
	技能与知识要点
	• "向前变形工具"的使用　　　　　　　• "修补工具"的使用

具体步骤

01 设置"向前变形工具"参数。打开素材文件1-9-01.jpg，如左下图所示。按【Ctrl+J】快捷键复制"背景"图层，得到"图层1"图层，执行"滤镜→液化"命令，在"液化"面板中选择"向前变形工具"，相关参数设置如右下图所示。

　　　　本实例通过使用"向前变形工具"在拖动时向中心推动像素，按住【Shift】键并单击"向前变形工具"、"左推工具"或"镜像工具"，创建从以前单击的点沿直线拖动的效果。

02 局部瘦身。将鼠标指针移到人物的大腿部位，按住鼠标左键向内挤压，如左下图所示。接着在手臂、腰部等部位，按住鼠标左键向中心位置拖动挤压进行瘦身，效果如右下图所示。

03 去除赘肉。这时，模特的腰部还有不符合苗条身形的褶皱，需要将腰部的褶皱去掉，此时可使用"修补工具"🔘勾勒出赘肉的轮廓，按住左键拖动至腰部皮肤平滑的区域，如左下图所示。使用相同的方法对剩下的赘肉进行清除，操作完成后，模特腰部看上去皮肤更紧绷，效果如右下图所示。

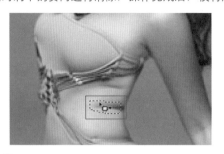 

修补工具

知识扩展

　　"修补工具"主要用于修改有明显裂痕或污点等有缺陷或者需要更改的图像。在选项栏选择状态为"目标"的时候，拖动需要修复的选区到附近完好的区域即可实现修补。选择状态为"源"的时候，可拖动完好的区域覆盖需要修补的区域实现修补。

04 羽化选区。将赘肉褶皱进行修补后，为了让光影效果更加顺滑，选择工具箱中的"套索工具"⬭，勾勒出腰部的轮廓，如左下图所示。羽化选区，羽化设置如右下图所示。

05 调整亮度。按【Ctrl+L】快捷键，打开"色阶"对话框。调整色阶参数设置，如左下图所示。设置完成后单击"确定"按钮，效果如右下图所示。

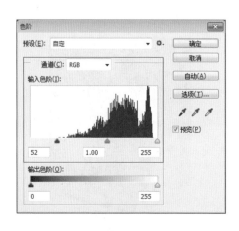 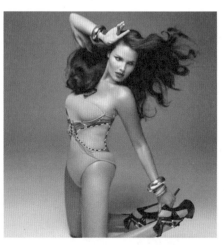

通过本例的学习，读者不仅能掌握"液化"命令中的工具，也可以学会胖子变苗条的处理方法，并能将此方法运用到让人物变瘦的其他实例中，如大脸变小脸、处理五官等，希望读者能举一反三，将此方法运用得更加广泛。

案例 10 打造精致的蝴蝶文身

案例效果

Before

After

制作分析

本例难易度 ★★☆☆☆

制作关键

本实例主要通过置入素材，并删除多余选区，然后调整图像大小并将其移动到适当位置，描边后在其下方新建图层设置文身的淡彩效果，最后设置图层混合模式，完成制作。

技能与知识要点

- 置入文件
- "描边"命令
- 图层混合模式
- 变换操作

具体步骤

01 置入素材。打开素材文件1-10-01.jpg，如左下图所示。打开素材文件1-10-02.jpg，复制粘贴到当前文件中，命名为"文身"，如右下图所示。

02 删除选区。选择工具箱中的"魔棒工具"，在图像白色背景处依次单击创建选区，按【Delete】键删除选区内容，如左下图所示。

03 调整图像大小和角度。执行"编辑→自由变换"命令，显示自由变换编辑框（自由变换快捷键：【Ctrl+T】），拖动四周控制点调整大小并旋转40°，并将其移动到相应的位置，如右下图所示。

04 去色并设置描边颜色。调整完成后，按【Enter】键确定变换。执行"图像→调整→去色"命令（去色快捷键：【Shift+Ctrl+U】），执行"编辑→描边"命令，打开"描边"对话框，如左下图所示。

05 选择选区。设置"描边"颜色为（R：130、G：50、B：200），完成设置后单击"确定"按钮。在"文身"图层下新建"图层1"，按住Ctrl键单击"文身"图层缩略图，效果如右下图所示。

06 羽化选区。按【Shift+F6】快捷键打开"羽化选区"对话框，设置"羽化半径"为6像素，如左下图所示。

07 设置填充前景色。设置"拾色器（前景色）"颜色为（R: 238、G: 67、B: 99），效果如右下图所示。

08 设置图层混合模式。单击选择"文身"图层，设置该图层混合模式为"明度"，效果如左下图所示。

09 添加素材文件。打开素材文件1-10-02.jpg，复制粘贴到当前文件中，调整大小和角度，移动到适当位置，如右下图所示。

案例 **11** 去除远处的多余物体

案例效果

制作分析

本例难易度	★ ★ ★ ☆ ☆	制作关键
		本实例主要通过运用"修补工具"，在多余的背景部位拖移绘制选区，再拖移选区到相似处，覆盖多余背景，完成制作。
		技能与知识要点
		• "套索工具"的使用　　　• "仿制图章工具"的使用　　　• "修补工具"的使用

具体步骤

01 创建选区。打开素材文件1-11-01.jpg，按【Ctrl+J】快捷键复制"背景"图层，得到"图层1"，如左下图所示。在图像中需去除沙丘，可选择工具箱中的"套索工具" ，勾勒出多余的沙丘对象，效果如右下图所示。

使用"修补工具"选择修补对象时，要确定绘制的选区不仅将该对象全部圈住，还必须比该对象的区域大，否则目标和源相融合时会破坏边缘。

02 向右拖动覆盖图像。选择"修补工具" ，将选区中的图像向左侧拖动，如左下图所示。释放鼠标后，执行"选择→取消选择"命令，（取消选择快捷键：【Ctrl+D】），效果如右下图所示。

"修复画笔工具"和"修补工具"都适用于照片中的污点修复，前者是对由点构成的图像进行修复，而后者是对范围较大的污点进行修复。

03 创建选区。继续使用"修补工具" 🔘 ，在图像中创建选区，如左下图所示。再将选区中的内容向右侧拖动，如右下图所示。

04 进行采样修复。释放鼠标后，按【Ctrl+D】快捷键取消选区，效果如左下图所示。再使用工具箱中的"仿制图章工具" 🔘 ，在天空与水面交接的位置按住【Alt】键单击鼠标进行取样，并在原衔接不好的区域涂抹，使其修复得更加自然，最终效果如右下图所示。

重点

案例 **12** 快速提升人物肌肤质量

本例难易度 ★★★☆☆	制作关键
	本实例主要是通过快速蒙版，涂抹出脸部区域，然后为图像添加"蒙尘与划痕"滤镜，并删除多余的选区，最后设置曲线参数，调整图像亮度，完成制作。
	技能与知识要点
	• "以快速蒙版模式编辑"的使用 • "蒙尘与划痕"命令

具体步骤

`01` 快速蒙版模式编辑。打开素材文件1-12-01.png，单击工具箱中底部的"以快速蒙版模式编辑"按钮 ▣ ，按【D】键恢复默认的前景色和背景色，如左下图所示。使用"画笔工具" ✎ ，在图像人物中绘制，选取人物皮肤，注意需保留眼睛与嘴唇的部位，效果如右下图所示。

`02` 反选图像。按【Q】键退出快速蒙版编辑模式，执行"选择→反向"命令，按【Shift+Ctrl+I】快捷键将选区反选，并按【Ctrl+J】快捷键复制图层，得到"图层1"，如左下图所示。

`03` 添加"蒙尘与划痕"滤镜效果。执行"滤镜→杂色→蒙尘与划痕"命令，弹出"蒙尘与划痕"对话框，相关参数设置如右下图所示。

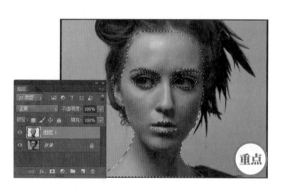 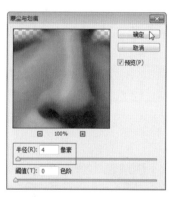

`04` 设置"曲线"参数。设置完成后，按【Ctrl+M】快捷键，在弹出的"曲线"对话框中单击曲线添加控制点，调整曲线形状，如左下图所示。设置完成后，效果如右下图所示。

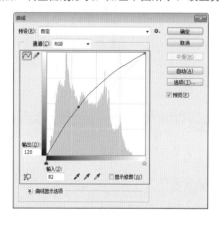 

05 删除多余选区。选择"背景"图层，选择工具箱中的"魔棒工具" ，在图像中左右两侧的背景处单击，如左下图所示；选择"图层1"图层，按【Delete】键删除选区内容，效果如右下图所示。

06 合并图层并调整图像亮度。按【Ctrl+E】快捷键合并图层，按【Ctrl+L】快捷键，在弹出的"色阶"对话框中设置参数，如左下图所示。设置完成后，最终效果如右下图所示。

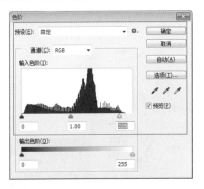

案例 13 打造潮流清新色

案例效果

Before

After

		制作关键
本例难易度	★ ☆ ☆ ☆ ☆	本实例主要是通过复制"绿"通道，粘贴至"蓝"通道，然后使用"色彩平衡"调整图像色调，最后设置图层混合模式，完成制作。
		技能与知识要点
		• 通道的复制和粘贴　　　　　　　• "色彩平衡"命令

具体步骤

01 复制图层。打开素材文件1-13-01.jpg，按【Ctrl+J】快捷键复制"背景"图层，得到"图层1"图层，如左下图所示。

02 复制"绿"通道。切换至通道面板，单击"绿"通道，按【Ctrl+A】快捷键全选图像，再按【Ctrl+C】快捷键复制图像；单击"蓝"通道，按【Ctrl+V】快捷键粘贴图像，单击"RGB"通道返回到图层面板，效果如右下图所示，取消选区。

03 设置"中间调"和"阴影"参数。按【Ctrl+B】快捷键，弹出"色彩平衡"对话框，选中"中间调"选项，相关参数设置如左下图所示。选中"阴影"选项，相关参数设置如右下图所示。

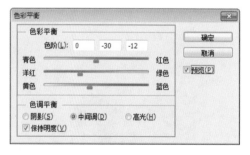

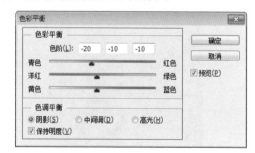

04 设置"高光"参数。选中"高光"选项，相关参数设置如左下图所示。

05 设置图层混合模式。新建一个图层，得到"图层2"，填充颜色值为（R：236、G：235、B：217），按【Alt+Delete】快捷键填充颜色，并设置"图层2"的图层混合模式为"划分"，效果如右下图所示。

案例 **14** 打造夸张的时尚彩妆

案例效果

制作分析

本例难易度 ★★☆☆☆	制作关键
	本实例主要通过绘制出眼影，然后设置图层混合模式，最后涂抹腮红，完成制作。
	技能与知识要点
	• "添加杂色"命令　　　　　　　　　　• "色相/饱和度"命令

具体步骤

01 选择制作工具。打开素材文件1-14-01.jpg，按【Ctrl+J】快捷键复制背景图层，生成"背景 副本"图层，设置"不透明度"和"填充"为50%，如左下图所示。

02 绘制眼影。新建"图层1"，在"画笔"面板中，选择柔边画笔，设置"画笔大小"为10像素，"不透明度"为80%，"流量"为80%，如右下图所示。

03 添加杂色滤镜。执行"滤镜→杂色→添加杂色"命令，弹出"添加杂色"对话框，设置相关参数，如左下图所示。

04 设置图层混合模式。设置"图层1"的图层混合模式为"颜色加深"，效果如右下图所示。

05 涂抹眼影并设置图层混合模式。创建一个新图层为"图层2"，设置前景色（R：38、G：151、B：172），选择"画笔工具" ✐，在选项栏中分别设置"不透明度"为80%、"流量"为80%，在人物的双眼周围进行涂抹，绘制眼线区域，如左下图所示。设置"图层2"的图层混合模式为"强光"，效果如右下图所示。

06 绘制腮红并设置图层混合模式。此时，眼部的妆容已绘制完成，现在可绘制出淡淡的腮红。创建一个新图层为"图层3"，设置前景色（R：242、G：159、B：212），使用"画笔工具" ✐在人物的脸颊周围进行涂抹，如左下图所示。

07 创建嘴唇选区。为了使腮红的效果更加自然通透，可设置"图层3"图层的"不透明度"与"填充"为50%；选择"背景 副本"图层，使用"套索工具" ◯，勾勒出嘴唇的轮廓，按【Shift+F6】快捷键弹出"羽化选区"对话框，设置"羽化半径"为2像素，如右下图所示。

08 设置"色相/饱和度"参数。按【Ctrl+U】快捷键，弹出"色相/饱和度"对话框，设置相关参数，如左下图所示。设置图层的"不透明度"与"填充"为50%，最终效果如右下图所示。

💻 上机实战——跟踪练习成高手

　　通过前面内容的学习，相信读者对Photoshop CC图像修饰与修复的功能已有所认识和掌握，为了巩固前面知识与技能的学习，下面安排一些典型实例，让读者自己动手，根据光盘中的素材文件与操作提示，独立完成这些实例的制作，达到举一反三的学习目的。

　　为了方便学习，本节相关实例的素材文件、结果文件，以及同步教学文件可以在配套的光盘中查找，具体内容路径如下。

　　原始素材文件：光盘\素材文件\第1章\上机实战
　　最终结果文件：光盘\结果文件\第1章\上机实战
　　同步教学文件：光盘\多媒体教学文件\第1章\上机实战

实战 **01** 去除讨厌痘印

实战效果

Before

After

本例难易度 ★☆☆☆☆	制作关键
	本实例主要通过"污点修复画笔工具"将脸部的痘印分别去除。
	技能与知识要点
	• "污点修复画笔工具"的使用

主要步骤

01 选择修复工具。打开素材文件1-1-01.jpg，复制"背景"图层，在"图层1"图层中使用"污点修复画笔工具"指向人物右脸颊的污点位置。

02 修复右脸污点。单击即可去除右脸污点。

03 修复左脸污点。按住鼠标左键在人物左脸涂抹，去除左脸污点。

04 修复额头污点。按住鼠标左键在人物额头涂抹，去除额头污点。

实战 02 去除黑眼圈

Before　After

本例难易度 ★★☆☆☆	制作关键
	本实例主要通过在脸部与眼睛颜色相近的区域进行取样，然后将取样的区域应用在人物的黑眼圈上，就完成制作。
	技能与知识要点
	• "仿制图章工具"的使用

主要步骤

01 复制图层。打开素材文件1-2-01.jpg，按【Ctrl+J】快捷键复制"背景"图层，得到"背景 拷贝"图层。

02 取样修复。选择工具箱中的"仿制图章工具"，按住【Alt】键在左脸光滑皮肤处单击取样，释放【Alt】键，为了使效果更加自然，在制作中可降低"不透明度"为20%，使用鼠标在人物的左眼眼袋部位进行拖动，将前面取样的图像应用到黑眼圈部位，按照相同的操作方法修复右眼黑眼圈，即可完成制作。

实战 03 快速人物换装

实战效果

Before

After

操作提示

	制作关键
本例难易度 ★★★☆☆	本实例主要是先复制"背景"图层，然后执行"色相/饱和度"命令，调整图像色调，完成制作。
	技能与知识要点
	• 复制图层　　　　　　　　　　　• "色相/饱和度"命令

主要步骤

01 复制"背景"图层。打开素材1-3-01.jpg，复制"背景"图层，命名为"背景 拷贝"。

02 调整色调。执行"图像→调整→色相/饱和度"命令，弹出"色相/饱和度"对话框，单击"全图"下三角按钮，在弹出的下拉列表选择"青色"，并设置"色相"为+100，即可完成制作。

实战 04 修复老照片折痕

实战效果

Before

After

	制作关键
本 例 难 易 度 ★ ★ ☆ ☆ ☆	本实例首先使用"污点修复画笔工具"修复破损区域，再使用"仿制图章工具"去除修复痕迹，完成 破损旧照片的修复。
	技能与知识要点
	• "污点修复画笔工具"的使用 • "仿制图章工具"的使用

01 打开素材选择修复工具。打开素材文件1-4-01.jpg，照片下方有一些破损的痕迹，为了将破损修复，选择"污点修复画笔工具" 🖊 在破损区域拖动鼠标，如左下图所示。

02 修复大块破损区域。释放鼠标后，大块破损区域被修复，只是还残留一些修复后的痕迹，如右下图所示。

03 去除修复痕迹。为了将修复后的痕迹去除，选择"仿制图章工具" 🏷️，在其选项栏中设置"不透明度"为100%，在痕迹附近按【Alt】键单击鼠标进行取样，并在残留的痕迹上面涂抹，将其去除，效果如左下图所示。

04 完成破损照片的修复。通过不断的取样和涂抹，修复痕迹被完全去除，破损的照片修复完成，整体效果如右下图所示。

大师
心得

　　每个人家中或多或少会有一些旧照片，也许是保存不当或者年代久远，照片会出现一些破损，这些破损的照片千万不要丢弃，可以使用扫描仪将旧照片扫描到电脑上，然后使用Photoshop进行修复处理，让照片恢复昔日光彩。

实战 **05** 打造浪漫的照片色调

实战效果

操作提示

	制作关键
本例难易度 ★☆☆☆☆	本实例主要通过复制"背景"图层,然后设置色彩平衡的参数,使图像色调偏紫色,完成制作。
	技能与知识要点
	·复制图层　　　　　　　·"色彩平衡"命令

主要步骤

01 复制图层。打开素材文件1-5-01.jpg,按【Ctrl+J】快捷键复制"背景"图层。

02 设置"色彩平衡"参数。按【Ctrl+B】快捷键,设置"色彩平衡"参数为-67、-100、+30,即可完成制作。

本 章 小 结

　　本章重点讲解照片的修补与修饰的效果,其中包括常见的缺陷照片的处理方法,如偏黄牙齿变亮白、去除讨厌雀斑、打造迷人彩妆等。本章实例丰富、涉及面广,通过这些练习,读者可以轻松掌握制作要点并灵活运用,从而制作出令人满意的效果。

图像特效处理

第 2 章

本章导读

PhotoshopCC强大的功能之一就是处理与制作图像特效，本章将从实际出发，介绍多个图像艺术特效经典实例，通过对本章内容的学习，读者可掌握一般图像艺术特效处理和制作的方法与技巧，从而制作出具有视觉冲击力的图像效果。

同步训练——跟着大师做实例

Photoshop的图像特效处理功能非常强大。下面为读者介绍一些经典的图像特效，希望读者能跟着我们的讲解，一步一步地做出与书同步的效果。

为了方便学习，本节相关实例的素材文件、结果文件，以及同步教学文件可以在配套的光盘中查找，具体内容路径如下。

原始素材文件：光盘\素材文件\第2章\同步训练
最终结果文件：光盘\结果文件\第2章\同步训练
同步教学文件：光盘\多媒体教学文件\第2章\同步训练

案例 01 打造逼真水珠

制作分析

本例难易度 ★★★☆☆

制作关键
本实例主要通过"纤维"、"染色玻璃"、"石膏效果"等滤镜制作出水珠的轮廓、然后删除多余选区，最后设置图层混合模式为"叠加"，即完成水杯上的水珠制作。

技能与知识要点	
• "石膏效果"命令	• "图层混合模式"的使用

具体步骤

01 添加纤维效果。打开素材文件 2-1-01.jpg，创建一个新图层为"图层1"，如左下图所示。设置前景色为白色，按【Alt+Delete】快捷键进行填充；执行"滤镜→渲染→纤维"命令，弹出"纤维"对话框，设置相关参数，如右下图所示。

02 添加染色玻璃效果。设置完成后，单击"确定"按钮，设置前景色为黑色，执行"滤镜→滤镜库→纹理→染色玻璃"命令，弹出"染色玻璃"对话框，设置相关参数，完成后单击"确定"按钮，如左下图所示。

03 添加石膏效果。执行"滤镜→滤镜库→素描→石膏效果"命令，弹出"石膏效果"对话框，设置相关参数，如右下图所示。

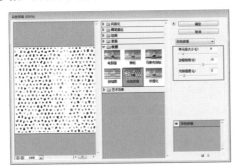 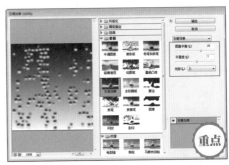

04 删除黑色背景区域。设置完成后，单击"确定"按钮，效果如左下图所示。选择工具箱中的"魔棒工具"，单击黑色颜色区域，按【Delete】键删除黑色选区，如右下图所示。

05 选择需要删除的内容。在"背景"图层中选择杯身作为选区，按【Ctrl+Shift+I】键反向选择，如左下图所示。

06 完成绘制。按【Delete】键删除选区，设置"图层1"的混合模式为"叠加"，设置完成后，最终效果如右下图所示。

案例 02 打造树林中的透射阳光

Before

After

制作分析

本例难易度 ★★★★☆	制作关键
	本实例主要通过将图像的高光部分选取出来，然后使用"径向模糊"制作出光线的效果，最后重复径向模糊，增强光线照射的效果，完成制作。
	技能与知识要点
	• "阈值"命令　　　　　　　　　　• "径向模糊"命令

具体步骤

01 新建图层。打开素材文件2-2-01.jpg，按【Ctrl+J】快捷键复制"背景"图层，得到"图层1"图层，如左下图所示。

02 调整色阶。按【Ctrl+L】快捷键打开"色阶"对话框，调整参数，效果如右下图所示。

重点

知识扩展

去色

　　"去色"命令将彩色图像转换为灰度图像，但图像的颜色模式保持不变，它为RGB图像中的每个像素指定相等的红色、绿色和蓝色值，而每个像素的明度值不改变。此命令与"色相/饱和度"对话框中将"饱和度"设置为-100的效果相同。

03 去色处理。按【Ctrl+J】快捷键得到"图层1拷贝"图层，为了调整图像的高光区域，执行"图像→调整→去色"，（去色快捷键：【Shift+ Ctrl+U】）进行去色，如左下图所示。

04 设置阈值参数。执行"图像→调整→阈值"，弹出"阈值"对话框，设置相关参数；设置"图层1拷贝"的混合模式为"滤色"，效果如右下图所示。

05 删除部分图像。为了使阳光照射得更加自然，选取阳光的源头，按【Shift+F6】快捷键打开"羽化选区"对话框，设置参数，如左下图所示。

06 径向模糊。删除选区图像并隐藏选区，执行"滤镜→模糊→径向模糊"，弹出"径向模糊"对话框，设置相关参数，如右下图所示。

07 复制图层。此时，光线不明显，可按【Ctrl+J】键复制"图层1拷贝"图层，得到"图层1拷贝2"图层，如左下图所示。

08 调整光线强度。按【Ctrl+M】键打开"曲线"对话框，设置相关参数，如右下图所示。

 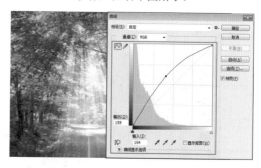

案例 03 打造绢布绘画效果

案例效果

制作分析

本例难易度 ★★★☆☆	制作关键
	本实例主要通过设置复制背景图层，然后设置色阶参数，提亮图像的高光，最后对图像添加"干画笔"、"纹理化"等滤镜，完成制作。
	技能与知识要点
	• "干画笔"命令 • "纹理化"命令

具体步骤

01 设置色阶参数。打开素材文件2-3-01.jpg，按【Ctrl+J】快捷键复制背景图层，得到"图层1"如左下图所示。执行"图像→调整→色阶"命令，打开"色阶"对话框（色阶快捷键：【Ctrl+L】），相关参数设置如右下图所示。

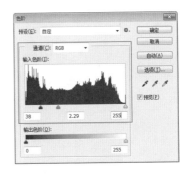

02 盖印可见图层。设置完成后，效果如左下图所示。在"图层"面板中创建一个新的图层，并按【Shift+Ctrl+Alt+E】快捷键盖印可见图层，如右下图所示。

盖印图层

知识扩展

　　盖印图层与合并可见图层的区别是：合并可见图层是把所有可见图层合并到一起变成新的效果图层，原图层就不存在了；而盖印图层的效果与合并可见图层后的效果是一样的，但原来进行操作的图层还存在。也就是说，合并可见图层是把几个图层变成一个图层，而盖印图层是在几个图层的基础上新建一个图层且不影响原来的图层。

03 添加"干画笔"滤镜。执行"滤镜→滤镜库→艺术效果→干画笔"命令，弹出"干画笔"对话框，设置相关参数，如左下图所示。设置完成后，效果如右下图所示。

04 添加"纹理化"滤镜。按【Ctrl+E】快捷键向下合并图层，按【Ctrl+J】快捷键复制图层，命名为"图层2"。执行"滤镜→滤镜库→纹理→纹理化"，弹出"纹理化"对话框，设置相关参数，如左下图所示。设置完成后，效果如右下图所示。

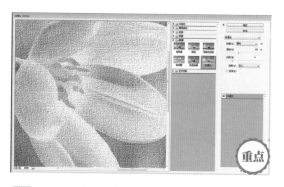 

05 设置图层混合模式。设置"图层2"图层混合模式为"明度"，如左下图所示。设置完成后，最终效果如右下图所示。

案例 **04** 为黑白照片上色

本例难易度
★★★☆☆

制作关键

本实例主要通过设置图层混合模式为"颜色"，然后通过"创建新的填充或调整图层"命令添加调整图层并设置合适的颜色，最后添加图层蒙版并将多余的图像涂抹掉，完成制作。

技能与知识要点

- "图层混合模式"的使用
- "创建新的填充或调整图层"的使用

具体步骤

01 设置背景颜色。打开素材文件2-4-01.jpg，如左下图所示。单击"图层"面板底部的"创建新的填充或调整图层"按钮 ◑，在弹出的下拉菜单中选择"纯色"选项，在弹出的"拾取实色"对话框中，设置颜色值为（R：86、G：168、B：225），设置完成后，单击"确定"按钮，并设置图层混合模式为"颜色"，如右下图所示。

> 在Photoshop中，可以创建填充图层和调整图层，调整图层用来对图像进行颜色调整，而且不会对图像本身有任何影响。使用"纯色"调整图层可以快速为黑白照片添加单色调效果，通过设置图层混合模式为"颜色"，则着色效果会作用于照片中非纯黑和纯白的所有图像部分。

02 涂抹人物区域。单击"颜色填充1"调整图层蒙版缩览图，将前景色设置为黑色，选择工具箱中的"画笔工具" ✎，在选项栏中设置柔角笔刷，在人物区域涂抹，如左下图所示。

03 设置头发颜色。单击"图层"面板底部的"创建新的填充或调整图层"按钮 ◑，在弹出的下拉菜单中选择"纯色"选项，在弹出的"拾取实色"对话框中，设置颜色值（R：48、G：11、B：2），设置完成后，单击"确定"按钮，并设置图层混合模式为"颜色"，如右下图所示。

04 涂抹多余区域。单击"颜色填充2"调整图层蒙版缩览图，将前景色设置为黑色，选择工具箱中的"画笔工具" ✎，在选项栏中设置柔角笔刷，在人物头发区域涂抹，如左下图所示。

05 设置皮肤颜色。单击"图层"面板底部的"创建新的填充或调整图层"按钮 ◑，在弹出的下拉菜单中选择"纯色"选项，在弹出的"拾取实色"对话框中，设置颜色值（R：249、G：213、B：195），设置完成后，单击"确定"按钮，并设置图层混合模式为"颜色"，如右下图所示。

06 涂抹多余区域。单击"颜色填充3"调整图层蒙版缩览图，将前景色设置为黑色，选择"画笔工具"，在人物皮肤区域涂抹，如左下图所示。

07 设置衣服颜色。单击"创建新的填充或调整图层"按钮，在弹出的下拉菜单中选择"纯色"选项，在弹出的"拾取实色"对话框中设置颜色值（R：243、G：174、B：200），设置完成后，单击"确定"按钮，设置图层混合模式为"颜色"；单击"颜色填充4"调整图层蒙版缩览图，将前景色设置为黑色，使用"画笔工具"在人物衣服区域涂抹，如右下图所示。

08 设置嘴唇颜色。单击"创建新的填充或调整图层"按钮，在下拉菜单中选择"纯色"选项，在弹出的"拾取实色"对话框中设置颜色值（R：243、G：47、B：47），设置完成后，单击"确定"按钮，设置图层混合模式为"颜色"，如左下图所示。

09 涂抹多余区域。单击"颜色填充5"调整图层蒙版缩览图，将前景色设置为黑色，使用"画笔工具"在人物区域涂抹，最终效果如右下图所示。

案例 05 制作怀旧淡彩画效果

案例效果

本例难易度 ★★☆☆☆	**制作关键**
	本实例主要通过复制图层并设置图层混合模式，然后添加"图层样式"与"最小值"滤镜，最后添加"水彩画纸"滤镜并设置图层混合模式，完成制作。
	技能与知识要点
	• "最小值"命令　　　　• "图层混合模式"的使用　　　　• "水彩画纸"命令

具体步骤

01 复制图层并设置图层混合模式。打开素材文件2-5-01.jpg，如左下图所示。按【Ctrl+J】快捷键复制背景图层，得到"图层1"图层；并设置"图层1"的图层混合模式为"颜色减淡"，如右下图所示。

02 添加"最小值"滤镜。执行"图像→调整→反相"命令（反相快捷键：【Ctrl +I】），如左下图所示。执行"滤镜→其他→最小值"命令，设置相关参数，设置完成后，效果如右下图所示。

03 再次添加"最小值"滤镜。双击"图层1"，在弹出的"图层样式"面板中，按住【Alt】键拖动"下一图层"的黑色色块，将滑块分开，如左下图所示。设置完成后，按【Ctrl+F】快捷键再次执行"最小值"命令，使图像效果更加清晰，效果如右下图所示。

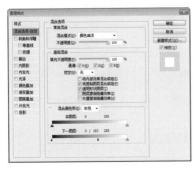

04 调整色阶。单击"图层"面板底部的"创建新的填充或调整图层"按钮 ⬤，在弹出的菜单中选择 "查找颜色"命令，相关参数设置如左下图所示。复制"图层1"，得到"图层1 拷贝"，并拖动至最顶 层，如下图所示。

05 添加"水彩画纸"滤镜。执行"滤镜→滤镜库→素描→水彩画纸"命令，在弹出的对话框中设置相 关参数，如左下图所示。设置"图层1拷贝"的图层混合模式为"饱和度"，效果如右下图所示。

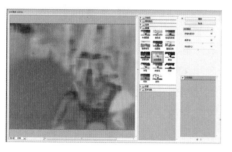

案例 06 飘雪场景再现

案例效果

制作分析

本例难易度 ★★☆☆☆	制作关键
	本实例主要通过复制图层，并添加杂色，然后添加"阈值"滤镜，最后设置图层的混合模式，并添加 "动感模糊"滤镜，完成效果制作。
	技能与知识要点
	• "添加杂色"命令　　　　　　　　　　　　• "阈值"命令

具体步骤

01 打开素材。打开素材文件2-6-01.jpg，新建图层，命名为"雪花"，为"雪花"图层填充黑色，如左下图所示。

02 添加杂色。执行"滤镜→杂色→添加杂色"命令，设置"数量"为100%，"分布"为平均分布，勾选"单色"复选项，如右下图所示。

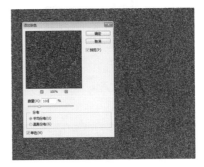

03 高斯模糊。执行"滤镜→模糊→高斯模糊"命令，设置"半径"为3.0像素，如左下图所示。

04 调整阈值。执行"图像→调整→阈值"命令，设置"阈值色阶"为80，如右下图所示。

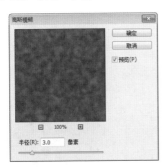
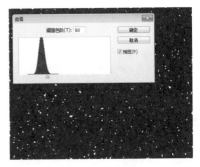

05 混合图层效果。设置"雪花"图层的图层混合模式为"滤色"，效果如左下图所示。执行"滤镜→模糊→动感模糊"命令，弹出"动感模糊"对话框，相关参数设置如右下图所示。

　　"动感模糊"滤镜可以模拟出类似于以固定的曝光时间给一个移动的对象拍照的效果，在其参数设置对话框中，"角度"用于设置运动模糊的方向，"距离"用于设置模糊的强度。

06 创建曲线调整图层。创建"曲线"调整图层，拖动曲线形状，如左下图所示。通过前面的操作，加大图像对比度，最终效果如右下图所示。

案例 **07** 打造水中倒影

Before

After

制作分析

本例难易度	制作关键		
★★★☆☆	本实例主要通过重新设置画布大小，移动并复制图层，然后调整图像的"亮度/对比度"，并使用"动感模糊"、"波纹"等滤镜，制作出水面波纹的效果，最后对水面的边缘进行模糊处理，完成制作。		
	技能与知识要点		
	• "最小值"命令		• "添加图层样式"的使用

具体步骤

01 设置画布大小。打开素材文件2-7-01.jpg，如左下图所示。双击"背景"图层，进行解锁。执行"图像→画布大小"命令，在弹出的"画布大小"对话框中设置"高度"为3厘米，如右下图所示。

画布大小

　　画布是图像的完全可编辑区域，"画布大小"命令可让用户增大或减小图像的画布大小，增大画布的大小会在现有图像周围添加空间，减少图像的画布大小会裁剪到图像。如果增大带有透明背景的画布大小，则添加的画布是透明的；如果图像没有透明背景，则添加的画布的颜色将由以下选项决定。

- 前景：用当前的前景色填充新画布。
- 背景：用当前的背景色填充新画布。
- 白色、黑色或灰色：用这种颜色填充新画布。
- 其他：使用拾色器选择新画布颜色。

02 调整"亮度/对比度"。复制"图层0"，得到"图层0副本"，按【Ctrl +T】键显示自由变换框，在自由变换内右击，单击"垂直翻转"选项，如左下图所示。向下移动，执行"图像→调整→亮度/对比度"命令，相关参数设置如右下图所示。

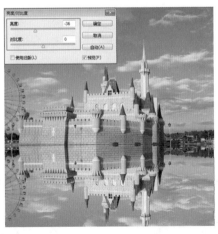

　　使用"亮度/对比度"命令，可以对图像的色调范围进行简单的调整，与对图像中的像素应用比例调整的"曲线"和"色阶"命令有所不同，"亮度/对比度"会对每个像素进行相同程度的调整，对于高端输出，不建议使用"亮度/对比度"命令，因为它可能导致图像细节丢失。

03 设置"动感模糊"。设置完成后，执行"滤镜→模糊→动感模糊"命令，在弹出的"动感模糊"对话框中设置相关参数，如左下图所示。

04 设置"波纹"。设置完成后，执行"滤镜→扭曲→波纹"命令，在弹出的"波纹"对话框中设置相关参数，如右下图所示。

05 进行模糊处理。设置完成后，效果如左下图所示。使用"模糊工具" ，对水面的边缘处进行模糊处理，使其效果更加自然，最终效果如右下图所示。

案例 08 制作绿色迷雾效果

案例效果

	制作关键
本例难易度　★ ★ ★ ☆ ☆ ☆	本实例首先通过"云彩"滤镜命令制作云雾效果，然后通过图层蒙版制作若隐若现效果，叠加图层混合效果，最后调整云彩的色调，完成制作。
	技能与知识要点
	• "云彩"命令　　　　• "图层蒙版"的使用　　　　• "色相/饱和度"命令

具体步骤

01 **新建图层。** 打开素材文件2-8-01.jpg，新建"图层1"图层，如左下图所示。

02 **添加"云彩"滤镜。** 执行"滤镜→渲染→云彩"命令，新建"图层2"图层，再次执行"滤镜→渲染→云彩"命令，效果如右下图所示。

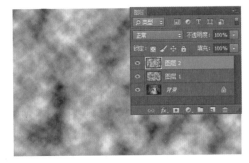

大师心得

　　"云彩"滤镜可以在空白图层中自身产生图像，主要是利用前景色和背景色生成随机云雾效果。由于是随机，所以每次生成的图像效果都不相同。

03 **设置图层混合模式。** 将"图层1"和"图层2"的图层混合模式设置为"滤色"，效果如左下图所示。

04 **添加图层蒙版。** 依次为"图层1"和"图层2"添加蒙版，选择画笔工具，设置相应参数，在蒙版中进行涂抹，效果如右下图所示。

重点

05 **盖印图层。** 按【Alt+Shift+Ctrl+E】快捷键盖印图层，命名为"效果图"。更改图层混合模式为"正片叠底"，如左下图所示。

06 复制图层。复制"背景"图层，命名为"叠加"，移动到"图层"面板最上方，更改图层混合模式为"叠加"，如右下图所示。

07 调整颜色。单击选中"图层1"。按【Ctrl+U】快捷键，执行"色相/饱和度"命令，勾选"着色"选项，设置"色相"为102，"饱和度"为61，如左下图所示。通过前面的操作，得到最终图像效果，如右下图所示。

案例 09 最美的雨后彩虹场景

案例效果

本例难易度	★★☆☆☆	**制作关键**

本实例首先通过使用"渐变工具"制作出彩虹的效果，然后将多余的区域删除掉，最后调整彩虹大小与位置，并降低不透明度，完成制作。

技能与知识要点

- "渐变工具"的使用
- "羽化选区"命令

具体步骤

01 创建彩虹区域。打开素材文件2-9-01.jpg，创建一个新图层为"图层1"，如左下图所示。选择工具箱中的"渐变工具" ▮，单击"渐变编辑器"下拉列表，单击"透明彩虹渐变"，将所有的颜色小滑块向中间拖动，如右下图所示。

02 创建彩虹光圈。单击选项栏中的"径向渐变"按钮 ▮，在图像中按住鼠标左键从右上至左下拖动鼠标，创建渐变范围，如左下图所示。操作完成后，图像中出现彩虹光圈，如右下图所示。

大师心得

　　选择"渐变工具"后，在文档窗口中按住鼠标左键不放进行绘制，则起始点到结束点之间会显示出一条提示直线，鼠标拖拉的方向决定填充后颜色倾斜的方向。另外，提示线的长短也会直接影响渐变色的最终效果。

03 调整彩虹轮廓。选择工具箱中的"矩形选框工具"，在彩虹光圈下半部分创建选区，按【Shift+F6】快捷键，在弹出的"羽化选区"对话框中设置"羽化半径"为50像素，效果如左下图所示。按【Delete】键删除羽化后的选区，按【Ctrl+D】快捷键取消选择后，效果如右下图所示。

04 调整图层模式。按【Ctrl+T】快捷键调整对彩虹进行大小与位置的调整，按【Enter】键确定，效果如左下图所示。设置"图层1"的图层混合模式为"色相"，完成效果如右下图所示。

案例 **10** 制作可爱的宝贝相册

案例效果

制作分析

本例难易度 ★★★☆☆	**制作关键**
	本实例通过将素材置入图像中，使用"椭圆选框工具"创建选区，然后添加图层蒙版，接着合并图层并添加图层样式，最后输入文字与添加图案，完成制作。
	技能与知识要点
	• "添加图层蒙版"的使用　　　　　　　　　• "自定形状工具"的使用

具体步骤

01 创建椭圆选区。打开素材文件2-10-01.jpg，如左下图所示。置入素材文件2-10-02.jpg，并命名为"图层1"，使用"椭圆选框工具" ⬭，在图像中按住左键拖动创建椭圆选区，如右下图所示。

02 添加图层蒙版。单击"图层"面板底部的"添加图层蒙版"按钮■，效果如左下图所示。置入素材文件2-10-03.jpg，并命名为"图层2"，使择"椭圆选框工具" ⬭，创建椭圆选区，并添加"添加图层蒙板"按钮■，按【Ctrl+T】快捷键调整图像大小，如右下图所示。

03 添加图层蒙版。置入素材文件2-10-04.jpg，并命名为"图层3"，如左下图所示。使择"椭圆选框工具" ⬭，创建椭圆选区，并添加"添加图层蒙板"按钮■，按【Ctrl+T】快捷键调整图像大小，如右下图所示。

04 设置描边。按住【Ctrl】键，分别单击"图层3"、"图层2"、"图层1"，按【Ctrl+E】快捷键合并图层，得到"图层3"，如左下图所示。双击"图层3"，弹出"图层样式"面板，选择"描边"选项，设置描边颜色为（R：195、G：205、B：240），其他参数设置如右下图所示。

描边

　　"大小"选项用来设置描边宽度，在"位置"下拉列表中可以设置描边位置，可根据"混合模式"和"不透明度"选项设置描边效果。

05 设置投影。选择"投影"选项，相关参数设置如左下图所示。设置完成后，效果如右下图所示。

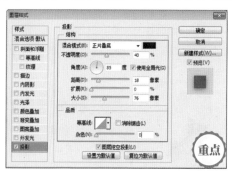 

06 输入文字。使用"横排文字工具"，在图像的下方输入文字，并设置颜色（R：84、G：155、B：215），如下图所示。

07 添加图案。选择"图层1"，选择工具箱中的"自定形状工具"，单击选项栏中的"自定形状工具"按钮，在打开的形状下拉面板中选择"红心形卡"样式，在图像中创建大小不一的形状，按【Ctrl+Enter】快捷键将路径转换为选区，设置前景（R：175、G：220、B：248），按【Alt+Delete】快捷键填充颜色，完成效果如右下图所示。

自定形状工具

　　选择"自定形状工具"后，在选项栏中的下拉菜单中选择所需的形状样式，若在该下拉列表中找不到所需的形状，则单击面板右上角的箭头，然后选择其他类别的形状，当系统询问是否替换当前时，单击"替换"按钮仅显示新类型的形状，单击"追加"按钮，添加到已显示的形状中，然后在图像中单击并拖动鼠标即可绘制形状。

案例 **11** 打造浪漫婚纱照

案例效果

Before

After

制作分析

本例难易度 ★★★☆☆	**制作关键**
	本实例主要通过将素材置入图像中，然后添加图层蒙版，接着通过渐变工具对图像进行操作，完成制作。
	技能与知识要点
	• "渐变工具"的使用　　　　• "蒙版"的使用

具体步骤

01 打开素材文件。打开素材文件2-11-01.psd，如左下图所示。打开素材文件2-11-02.jpg，将图像复制到2-11-01.psd文件中，得到"图层1"，如右下图所示。

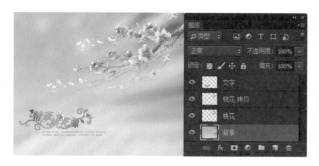

02 编辑图像大小。按【Ctrl+T】快捷键变换选区，按【Alt+Shift】快捷键对图像进行放大，如左下图所示。

03 设置渐变编辑器。选择工具箱中的"渐变工具" ，打开"渐变编辑器"对话框，在"预设"列表框选择"从前景色到透明"选项，如右下图所示。

04 创建蒙版。单击选项栏中的"径向渐变"按钮 ，设置选项；单击"添加图层蒙版" 按钮，为"图层1"添加蒙版，在图像中从右至左拖动鼠标，创建渐变范围，如左下图所示。

05 创建渐变。在图像中各个方向创建渐变范围，虚化图像的边缘，使用"图层1"融合到当前图像中，如右下图所示。

06 添加素材。打开素材文件2-11-03.jpg，复制图像到当前文件中，得到"图层2"，如左下图所示。

07 调整图像大小。按【Ctrl+T】快捷键变换选区，将"图层2"放大并移动到适当位置，如右下图所示。

08 创建渐变。按【G】键选择渐变工具，在图像中各个方向创建渐变范围，虚化图像的边缘，使用"图层1"融合到当前图像中，如左下图所示。最终效果如右下图所示。

案例 **12** 惊魂闪电调出来

本例难易度 ★★★☆☆	制作关键
	本实例主要是通过"渐变工具"、"分层云彩"制作出闪电的轮廓，然后使用"色彩平衡"进行调色，最后设置图层的混合模式并复制图层，旋转调整图像，就完成制作。
	技能与知识要点
	• "分层云彩"的使用 　　　　　　　• 图层混合模式

具体步骤

01 填充渐变色。打开素材文件2-12-01.jpg，如左下图所示。创建一个新图层，命名为"图层1"， 选择工具箱中的"渐变工具" ，在其选项栏中选择渐变方式为"黑，白渐变"，渐变类型为"线性渐变" ，并按住鼠标左键从图像左上角向右下角拖动，填充渐变颜色，如右下图所示。

02 添加"分层云彩"滤镜。执行"滤镜→渲染→分层云彩"命令，如左下图所示。按【Ctrl+I】快捷键将图像反选，如右下图所示。

分层云彩

知识扩展

　　"分层云彩"滤镜是用前景色、背景色和原图像的色彩造型，混合出带有背景图案的云的造型。

03 调整图像色阶和色彩平衡。执行"图像→调整→色阶"命令，弹出"色阶"对话框，相关参数设置如左下图所示。执行"图像→调整→色彩平衡"命令，弹出"色彩平衡"对话框，相关设置参数如右下图所示。

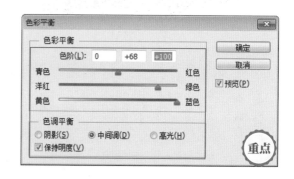

大师心得　　使用"色阶"调整色调范围，默认情况下，"输出"滑块位于色阶0和色阶255，像素分别为全黑和全白。因此，在"输出"滑块的默认位置，如果移动黑色滑块，则会将像素映射为色阶0，而移动白色滑块会将像素值映射为色阶255。

04 设置图层混合模式。设置完成后，单击"确定"按钮，效果如左下图所示。设置"图层1"的混合模式为"滤色"，如右下图所示。

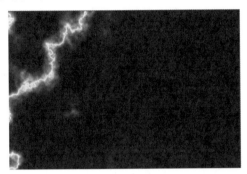

05 旋转并缩小图像。复制"图层1"，得到"图层1副本"，按【Ctrl+T】快捷键旋并缩小图像，如左下图所示。复制"图层1副本"，得到"图层1副本2"，按【Ctrl+T】快捷键旋并缩小图像，移动至合适位置。如右下图所示。

06 合并图层。按住【Ctrl】键单击"图层1"、"图层1拷贝"、"图层1拷贝2"三个图层，按【Ctrl+E】快捷键合并为一个图层，如左下图所示。选择工具箱中的"橡皮擦工具"，将多余的闪电涂抹掉，最终效果如右下图所示。

案例 **13** 打造古典诗意场景

案例效果

Before

After

制作分析

本例难易度 ★★★★☆

制作关键
本实例主要通过选择"绿"通道，载入选区，添加图层抠出图像，然后进行"高斯模糊"，添加图层蒙版并输入文字，最后添加印章素材，完成制作。
技能与知识要点

- "通道"的使用
- "文字工具"的使用

- "色阶"命令
- "曲线"命令

具体步骤

01 选择"绿"通道，打开素材文件2-13-01.jpg，如左下图所示。打开"通道"面板，选择"绿"通道，如右下图所示。

知识扩展

通道的应用

　　在Photoshop中编辑图像，实际上是在编辑颜色通道。颜色通道是用来描述图像颜色信息的彩色通道，和图像的颜色模式有关。每个颜色通道都是一副灰度图像，只代表一种颜色的明暗变化。例如一幅RGB颜色模式的图像，其通道就显示为RGB、红、绿、蓝4个通道。

02 载入选区。按住【Ctrl】键单击该通道的缩览图，将其作为选区载入，如左下图所示。

03 添加图层蒙版。复制背景图层，并单击图层面板底部的"添加图层蒙版"按钮 ，隐藏"背景"图层，按住【Alt】键单击"背景 拷贝"的蒙版缩览图，即可在图像窗口中显示蒙版，如右下图所示。

重点

04 设置色阶。在"通道"面板单击"图层1蒙版"，如左下图所示。按【Ctrl+L】快捷键弹出"色阶"对话框，相关参数设置如右下图所示。

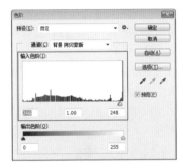

05 涂抹并进行反向选择。设置完成后，效果如左下图所示。按【Ctrl+I】快捷键将图像进行反选，如右下图所示。

重点

06 添加"高斯模糊"滤镜。更改"背景 拷贝"为"图层1"。按【Ctrl+J】快捷键复制选区，得到"图层2"，如左下图所示。复制"图层2"得到"图层2 拷贝"，执行"滤镜→模糊→高斯模糊"命令，在弹出的"高斯模糊"对话框中，相关参数设置如右下图所示。

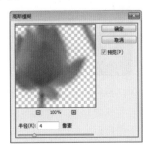

07 添加图层蒙版。设置完成后，按【Shift+Ctrl+U】快捷键对图像进行去色，以突出水墨画的效果，如左下图所示。执行"图像→调整→曲线"命令（曲线快捷键：【Ctrl+M】），弹出"曲线"对话框，相关参数设置如右下图所示。

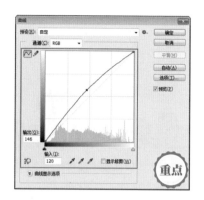

08 添加图层蒙版。设置完成后，使用"加深工具" 对荷花边缘的图像进行加深处理；单击图层面板底部的"添加图层蒙版"按钮 ，设置前景色为黑色，使用"画笔工具" ，对图像中的荷花进行涂抹还原，如左下图所示。

09 绘制花茎中的点。创建一个新图层为"图层3"，使用"画笔工具" ，设置前景色为黑色，在选项栏中设置"不透明度"与"流量"为50%，在图像中的花茎附近绘制圆点图像，效果如右下图所示。

10 添加"云彩"滤镜。创建一个新图层为"图层4"，设置前景色（R：212、G：210、B：210），执行"滤镜→渲染→云彩"命令，并设置图层混合模式为"色相"，如左下图所示，完成效果如右下图所示。

11 输入文字。按【Ctrl+M】快捷键打开"曲线"对话框，设置相关参数，使底色效果更明显，如左下图所示；选择工具箱中的"直排文字工具" ，在选项栏中设置字体颜色、字体样式、大小，输入文字，效果如右下图所示。

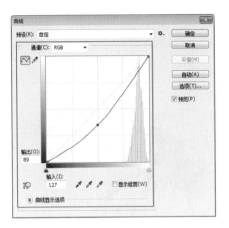

12 添加素材。打开素材文件2-13-02.jpg，使用"魔棒工具" 🪄 选择白色区域，按【Shift+Ctrl+I】快捷键反向选择，选择印章部分，如左下图所示。

13 设置色阶。将印章复制粘贴到当前文件中，按【Ctrl+ T】键调整印章大小，并将其移动到适当位置；设置图层混合模式为"亮光"，如中下图所示。最终效果如右下图所示。

🖥 上机实战——跟踪练习成高手

　　使用Photoshop CC的辅助工具可以将普通的照片加以艺术处理，制作出画龙点睛的效果，为了巩固前面知识与技能的学习，下面安排一些典型实例，让读者自己动手，根据光盘中的素材文件与操作提示，独立完成这些实例的制作，达到举一反三的学习目的。

　　为了方便学习，本节相关实例的素材文件、结果文件，以及同步教学文件可以在配套的光盘中查找，具体内容路径如下。

> 原始素材文件：光盘\素材文件\第2章\上机实战
> 最终结果文件：光盘\结果文件\第2章\上机实战
> 同步教学文件：光盘\多媒体教学文件\第2章\上机实战

实战 01 打造陈旧的照片色调

实战效果

Before

After

操作提示

<table>
<tr><td rowspan="6">本例难易度 ★★★☆☆</td><td colspan="2">制作关键</td></tr>
<tr><td colspan="2">本实例主要通过将进行去色处理操作，然后复制图像并进行"高斯模糊"、"添加杂色"等滤镜处理，最后设置图层的混合模式，完成制作。</td></tr>
<tr><td colspan="2">技能与知识要点</td></tr>
<tr><td>• "高斯模糊"命令</td><td>• "成角的线条"命令</td></tr>
</table>

主要步骤

01 复制图层并进行去色。打开素材文件2-1-01.jpg，按【Ctrl+J】快捷键复制"背景"图层，得到"图层1"。

02 设置色阶的参数。按【Ctrl+L】快捷键打开"色阶"对话框，输入相关参数。

03 复制图层。执行"图像→调整→去色"命令，将"图层1"图层进行去色。按【Ctrl+J】快捷键复制"图层1"图层，得到"图层1拷贝"。

04 反相图像。执行"图像→调整→反相"命令。

05 进行模糊处理。执行"滤镜→模糊→高斯模糊"命令，弹出的"高斯模糊"对话框中设置相关参数。

06 添加杂色效果。执行"滤镜→杂色→添加杂色"命令，在弹出的"添加杂色"对话框中设置相关参数。

07 设置"成角的线条"滤镜。执行"滤镜→画笔描边→成角的线条"命令，在弹出的"成角的线条"对话框中设置相关参数。

08 设置图层混合模式。设置"图层1副本"的图层混合模式为"颜色减淡"；单击"图层"面板底部的"创建新的填充或调整图层"按钮 ⊘，在弹出的菜单中单击"纯色"选项，在打开的"拾取实色"对话框中，设置颜色值（R：241、G：224、B：184），并设置"颜色填充1"的图层混合模式为"正片叠底"。

实战 **02** 打造俏皮的儿童纪念册扉页

实战效果

操作提示

本例难易度 ★★☆☆☆	**制作关键**
	本实例主要是复制宝宝对象，并进行水平翻转，创建俏皮的画面效果，最后添加文字和装饰图案，完成制作。
	技能与知识要点
	• "变换操作"的使用　　　　　• "横排文字工具"的使用

主要步骤

01 复制图层。打开素材文件2-2-01.jpg，在"背景"图层下创建空白图层并填充白色。

02 复制图像。选择人物并在需要的区域创建矩形选区，按【Ctrl+T】快捷键变换选区，将选择区域缩小到适当大小，按【Enter】快捷键确认变换。按【Ctrl+J】快捷键复制选区图像。

03 变换图像。按【Ctrl+T】快捷键将复制的图像"水平翻转"，并将其移动到适当位置。

04 创建文字。使用"横排文字工具" T，在图像中输入文字。

05 创建星星。在图像中创建星星。

实战 **03** 飞翔的紫色流星雨

实战效果

操作提示

本例难易度 ★★★★☆	**制作关键**
	本实例主要通过滤镜中的"点状化"、"高斯模糊"、"动感模糊"等滤镜制作出流星雨的轮廓，然后调整其形状，最后添加"外发光"图层样式，完成制作。
	技能与知识要点
	• "Alpha1通道"的使用　　　　• "切变"命令　　　　• "最小值"命令

主要步骤

01 新建图层。打开素材文件2-3-01.jpg，复制"背景"图层，得到"背景拷贝"图层。在"通道"面板中，单击"通道"面板底部的"创建新通道"按钮 ▣，新建一个Alpha l通道。

02 添加"点状化"滤镜。执行"滤镜→像素化→点状化"命令，弹出"点状化"对话框，设置相关参数。

03 添加"高斯模糊"滤镜。按【Ctrl+L】快捷键，弹出"色阶"对话框，设置相关参数。执行"滤镜→模糊→高斯模糊"命令，弹出"高斯模糊"对话框，设置相关参数。

04 添加"动感模糊"滤镜。执行"滤镜→模糊→动感模糊"命令，弹出"动感模糊"对话框，设置相关参数。

05 设置色阶参数。按【Ctrl+L】快捷键，弹出"色阶"对话框，设置相关参数。

06 添加"最小值"滤镜。执行"滤镜→其他→最小值"命令，弹出"最小值"对话框，设置相关参数。

07 添加"风"滤镜。执行"编辑→变换→旋转90度（顺时针）"命令；再执行"滤镜→风格化→风"命令，弹出"风"对话框，设置相关参数。

风

在图像中放置细小的水平线条来获得风吹的效果，方法包括"风"、"大风"（用于获得更生动的风效果）与"飓风"（使图像中的线条发生偏移的效果）。

08 旋转像。设置完成后，执行"编辑→变换→旋转90度（逆时针）"命令，按【Ctrl+T】快捷键调整大小。

09 新建图层。在"通道"面板中，按【Ctrl】键单击Alpha 1通道缩览图，调出其选区，切换至"图层"面板，创建一个新图层为"图层1"，设置前景色为白色，按【Alt+Delete】快捷键填充为白色。

10 添加"切变"滤镜。执行"滤镜→扭曲→切变"命令，弹出"切变"对话框，设置相关参数。

11 添加图层蒙版。按【Ctrl+T】快捷键调整图像大小与位置，单击"图层"面板底部的"添加图层蒙版"按钮 ▣，将前景色设置为黑色，使用"画笔工具" ✎，在"图层1"蒙版中进行涂抹。

12 添加外发光效果。单击"图层"面板底部的"添加图层样式"按钮 **fx.**，在弹出的下拉列表中选择"外发光"选项，弹出"图层样式"对话框，设置外发光颜色值（R：238、G：224、B：108），并设置其他相关参数。

13 复制并调整图层。设置完成后，复制"图层1"，得到"图层1拷贝"，按【Ctrl+T】快捷键调整图像大小与位置。

复制"图层1"图层，是为了使流星雨图像更加丰富，读者在涂抹时注意涂抹位置，最终达到整个画面疏密协调。

本 章 小 结

本章主要讲解了图像艺术特效的制作方法，由于Photoshop功能强大、变化性强，读者应该将所学的知识延伸使用，创作出有生命的作品。在学习制作一个实例的时候，设计思路往往比步骤或者参数更重要，读者在学习的开始阶段可能领悟不到，但是通过不断的学习与进步，相信慢慢就会理解领悟。

炫酷背景特效设计

第 3 章

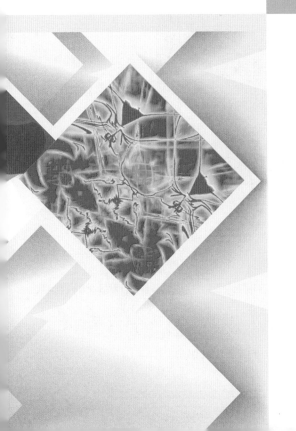

本章导读

在网页制作和图像制作中，我们常会看到一些炫目的光影背景或者类似3D的背景效果，这样的背景常会带给人极强的视觉冲击和艺术冲击，合理运用这些图片会为图像添加绚丽的视觉效果。本章将讲解炫酷背景的制作，希望大家能举一反三，制作出更多的效果。

同步训练——跟着大师做实例

　　Photoshop 中滤镜操作简单、功能强大，通过使用各种滤镜，不仅能清除和修饰照片，还可以为图像应用素描、扭曲等特殊滤镜艺术效果。下面为读者介绍一些经典的图像特效，希望读者能跟着我们的讲解，一步一步地做出与书同步的效果。

　　为了方便学习，本节相关实例的素材文件、结果文件，以及同步教学文件可以在配套的光盘中查找，具体内容路径如下。

原始素材文件：光盘\素材文件\第3章\同步训练
最终结果文件：光盘\结果文件\第3章\同步训练
同步教学文件：光盘\多媒体教学文件\第3章\同步训练

案例 01 棱角分明的淡紫光束

制作分析

本例难易度 ★★☆☆☆	制作关键
	本实例主要通过创建椭圆选区，并进行填充变形，然后复制图形移动至合适位置，最后设置画笔参数绘制圆点，完成制作。
	技能与知识要点
	• "自由变换"的使用　　　　　　　　　• 图层混合模式的使用

具体步骤

01 新建文档。执行"文件→新建"命令，打开"新建"对话框（新建快捷键：【Ctrl+N】），新建一个宽度为800像素、高度为600像素、分辨率为300像素/英寸的文档，如左下图所示。

02 创建椭圆选区。设置前景色为黑色，按【Alt+Delete】快捷键填充颜色，选择工具箱中的"矩形选框工具" ，在图像中按住鼠标左键拖动创建一个椭圆；执行"选择→修改→羽化"命令，打开"羽化选区"对话框（羽化选区快捷键：【Shift+F6】），参数设置如右下图所示。

03 删除多余选区并进行变形。创建一个新图层，命名为"斜线"，设置前景色为白色，按【Alt+Delete】快捷键填充颜色，执行"编辑→自由变换"命令（自由变换快捷键：【Ctrl+T】），调整图像大小，如左下图所示。选择工具箱中的"矩形选框工具" ，在图像中框选椭圆上半部分，按【Delete】键删除选区，按【Ctrl+T】快捷键将矩形变形并移动至合适位置。

04 旋转并复制图像。按【Ctrl+T】快捷键旋转图像如左下图所示。按10次【Ctrl+J】快捷键，复制"斜线"图层，并移动至合适位置，效果如右下图所示。

 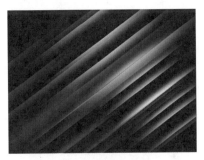

05 填充颜色并设置图层混合模式。复制完成后，执行"图层→合并图层"命令，（合并图层快捷键：【Ctrl+E】），将合并的图层命名为"斜线"；复制"斜线"图层得到"副本"图层，按【Ctrl+T】快捷键缩小图像，如左下图所示。创建一个新图层命名为"颜色"，设置前景色（R：123、G：27、B：137），按【Alt+Delete】快捷键填充颜色；并设置图层混合模式为"柔光"，不透明度为70%，效果如右下图所示。

06 填充颜色并设置画笔参数。创建一个新图层为"图层1"，设置前景色（R：47、G：4、B：53），按【Alt+Delete】快捷键填充颜色；并设置图层混合模式为"颜色"，效果如左下图所示。选择工具箱中的 "画笔工具" ，按【F5】键弹出"画笔"面板，参数设置如右图所示。

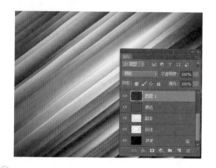

颜色

知识扩展

　　"颜色"模式能够使用"混合色"颜色的饱和度值和色相值同时进行着色，而使"基色"颜色的亮度值保持不变。"颜色"模式可以看成是"饱合度"模式和"色相"模式的综合效果。该模式能够使灰色图像的阴影或轮廓透过着色的颜色显示出来，产生某种色彩化的效果，这样可以保留图像中的灰阶，并且对于给单色图像上色和给彩色图像着色都会非常有用。

07 设置画笔参数。选择"形状动态"选项，参数设置如左下图所示。选择"散布"选项，参数设置如右下图所示。

08 绘制圆点。创建一个新图层，命名为"圆点"，在图像中绘制圆点，如左下图所示。创建一个新图层，命名为"高光圆点"，调整画笔大小为15像素，在图像中绘制圆点，如右下图所示。

09 添加外发光效果。双击"高光圆点"图层，在弹出的"图层样式"对话框中选择"外发光"选项，设置外发光颜色（R：27、G：91、B：221），相关参数设置如左下图所示。设置完成后效果如右下图所示。

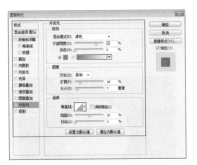 

大师心得

　　如果需要多次修改眼睛颜色，可以在创建选区后按【Ctrl+J】快捷键复制选区为新的图层，再进行眼睛颜色的调整，如果对当前调整的颜色不满意，可以继续进行调整，并且不会影响眼睛原来的颜色。

案例 02 日全食背景效果

案例效果

制作关键

本实例主要通过制作出圆环轮廓，然后复制圆形并添加模糊处理，最后再添加彩色渐变类似发光效果，完成制作。

技能与知识要点

本例难易度 ★★★★☆

- "渐变叠加"命令
- "镜头光晕"命令

01 新建文档并创建辅助线。按【Ctrl+N】快捷键新建一个宽度为800像素、高度为600像素、分辨率为300像素/英寸的文档，设置前景色为黑色，按【Alt+Delete】快捷键进行填充；按【Ctrl+R】快捷键显示出图像标尺，将鼠标指针移至标尺中，分别按住左键向下、向右拖动，创建辅助线，如左下图所示。

02 创建椭圆选区。创建一个新图层"图层1"，选择工具箱中的"椭圆选框工具"○；在图像中创建椭圆选区，并填充为白色，如右下图所示。

 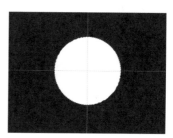

大师心得

在拖动辅助线时，按住【Alt】键可以在水平辅助线和垂直线之间切换，按住【Alt】键单击一条已经存在的垂直辅助线可以把它转为水平辅助线，反之亦然。需注意的是，辅助线是通过标尺拖动建立的，所以要确保标尺是打开的。

03 创建椭圆选区。保持选区不变，执行"选择→修改→收缩"命令，在弹出的"收缩选区"对话框中，设置收缩量为20像素；按【Delete】键删除选区的图像，选择工具箱中的"橡皮擦工具"✐擦除右上角圆形边缘，效果如左下图所示。

04 添加"渐变叠加"效果。双击"图层1"，在弹出的"图层样式"对话框中，选择"渐变叠加"选项，设置渐变颜色由左至右颜色（R：237、G：187、B：53）、（R：245、G：59、B：173）、（R：160、G：19、B：190）、（R：5、G：64、B：176），其他参数如右下图所示。

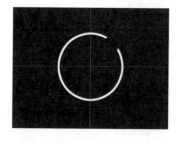 

05 显示效果。设置完成后，效果如左下图所示。

06 添加"高斯模糊"滤镜效果。执行"滤镜→模糊→高斯模糊"命令，在弹出的"高斯模糊"对话框中设置参数半径为"8像素"，效果如右下图所示。

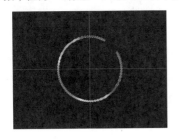

07 添加"高斯模糊"滤镜效果。复制"图层1"得到"图层1副本"，执行"滤镜→模糊→高斯模糊"命令，在弹出的"高斯模糊"对话框中设置参数如左下图所示。设置完成后，效果如右下图所示。

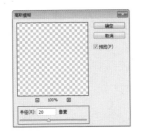
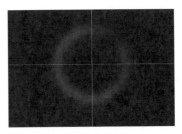

08 绘制圆圈。创建一个新图层为"图层2"，选择工具箱中的"椭圆选框工具"◯；在图像中创建椭圆选区，并填充为白色；保持选区不变，执行"选择→修改→收缩"命令，在弹出的"收缩选区"对话框中，设置"收缩量"为8像素；按【Delete】键删除选区的图像；选择工具箱中的"橡皮擦工具"◢擦除右上角边缘，效果如左下图所示。创建一个新图层为"图层3"，选择工具箱中的"画笔工具"◢，在图像中绘制亮点；双击"图层3"，在弹出的"图像样式"对话框中，选择"渐变叠加"选项，设置参数与步骤04所创建的渐变相同，效果如右下图所示。

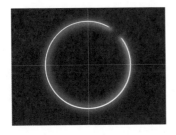
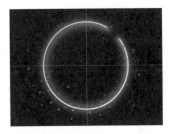

09 创建并填充椭圆选区。创建一个新图层为"图层4"，使用"椭圆选框工具"◯，在图像中创建椭圆选区，按【Shift+F6】快捷键弹出"羽化选区"对话框，参数设置如左下图所示。设置前景色（R：249、G：225、B：111），按【Alt+Delete】快捷键进行填充，效果如右下图所示。

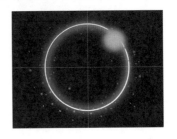

10 添加"高斯模糊"滤镜效果。执行"滤镜→模糊→高斯模糊"命令，在弹出的"高斯模糊"对话框中设置参数，如左下图所示。设置完成后，效果如右下图所示。

 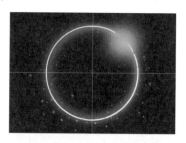

11 添加"镜头光晕"滤镜效果。选择"背景"图层，执行"滤镜→渲染→镜头光晕"命令，在弹出的"镜头光晕"对话框中设置参数，如左下图所示。再次执行"滤镜→渲染→镜头光晕"命令，在弹出的"镜头光晕"对话框中，设置同样的参数；按【Ctrl+R】快捷键隐藏辅助线，最终效果如右下图所示。

 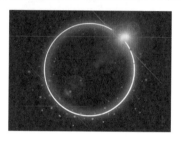

知识扩展

"镜头光晕"滤镜

"镜头光晕"滤镜可在图像中生成摄像机镜头眩光效果，并自动调节摄像机眩光的位置。

- 光线亮度：变换范围为10%~300%，值越高，反向光越强。
- 闪光中心：在预览框中单击可以指定发光的中心。
- 镜头类型：可以选择50~300毫米的变焦或105毫米的定焦镜头来产生眩光。其中，选择105毫米的定焦镜头所产生的光芒较多。

案例 **03** 花朵背景特效

制作分析

	制作关键
本例难易度 ★★★☆☆	本实例主要制作出渐变色背景，然后在画面中绘制出花朵图案和弧形曲线，最后添加镜头光晕，增强画面的璀璨效果，完成制作。
	技能与知识要点
	• "钢笔工具"的使用　　• "渐变工具"的使用　　• "镜头光晕"命令

具体步骤

01 新建文档并设置渐变参数。按【Ctrl+N】快捷键，新建一个宽度为800像素、高度为600像素、分辨率为300像素/英寸的文档，选择工具箱中的"渐变工具" ，单击选项栏中的"渐变颜色条"，弹出"渐变编辑器"对话框，设置从左至右颜色（R：244、G：81、B：121）、（R：249、G：149、B：214）、（R：253、G：250、B：204），如左下图所示。

02 创建渐变。新建"图层1"，选择渐变类型为"线性渐变" ，在图像上按住鼠标左键由左上角拖至右下角创建渐变色，效果如右下图所示。

03 添加"云彩"滤镜。执行"滤镜→渲染→云彩"命令，并设置"图层1"的图层混合模式为"柔光"，效果如左下图所示。

04 创建路径。新建"图层2"，选择工具箱中的"钢笔工具" ，在图像中创建路径；选择工具箱中的"渐变工具" ，单击选项栏中的"渐变颜色条"，弹出"渐变编辑器"对话框，设置由白色到透明的渐变色，如右下图所示。

05 填充渐变色。按【Ctrl+Enter】快捷键将路径转换为选区，在图像中由右至左拖动鼠标，创建渐变效果，如左下图所示。按【Ctrl+D】快捷键取消选区，如右下图所示。

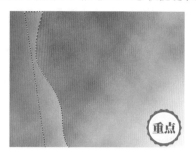

06 填充渐变色。新建"图层3"，选择工具箱中的"画笔工具" ，在选项栏中设置"画笔大小"为25，"不透明度"为25%，设置前景色为白色，在图像中单击鼠标创建圆点效果，如左下图所示。

07 绘制图形。新建"图层4"，选择工具箱中的"钢笔工具" ，在图像中创建路径，按【Ctrl+Enter】快捷键将路径转换为选区，如右下图所示。

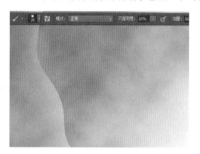
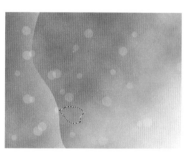

08 绘制图形。按【Alt+Delete】快捷键填充选区为白色，按【Ctrl+D】取消选区，设置"图层4"的"不透明度"为30%，效果如左下图所示。复制"图层4"，并移动至合适的位置，如右下图所示。

09 创建路径。继续复制"图层4"，并移动至合适的位置，如左下图所示。新建"图层5"，选择工具箱中的"钢笔工具" ，在图像中创建路径，如右下图所示。

10 填充渐变。选择工具箱中的"渐变工具" ，单击选项栏中的 "渐变颜色条"，弹出"渐变编辑器"对话框，设置从左至右的颜色为（R：60、G：154、B：73）、（R：214、G：250、B：206），在图像中按住鼠标左键由下至上拖动，创建渐变色如左下图所示。

11 绘制花蕊。按【Ctrl+D】快捷键取消选区，并将"图层5"拖动至"图层2"上方；新建"图层6"，设置前景色（R：246、G：176、B：9），在图像中绘制出花蕊效果，如右下图所示。

重点

12 添加"镜头光晕"滤镜。按【Ctrl+Shift+Alt+E】盖印图层，并执行"滤镜→渲染→镜头光晕"命令，在弹出的"镜头光晕"对话框中设置相关参数，如左下图所示。设置完成后，最后效果如右下图所示。

案例 04 时尚发散花纹背景

案例效果

本例难易度 ★★★☆☆	制作关键
	本实例主要通过"渐变工具"与"多边形工具"制作出背景，然后添加置入的素材，并进行复制，移动至合适位置，最后绘制出素材周围的圆点，完成制作。
	技能与知识要点
	• "多边形工具"的使用　　　　　　　　• "渐变工具"的使用

01 新建文档并创建渐变背景。按【Ctrl+N】快捷键，新建一个宽度为1280像素、高度为800像素、分辨率为300像素/英寸的文档。选择工具箱中的"渐变工具"📷，单击选项栏中的"渐变颜色条"，在弹出的"渐变编辑器"对话框中设置渐变颜色从左至右（R：176、G：246、B：217）、（R：30、G：135、B：157），渐变类型为"径向渐变"📷，在图像中按住鼠标左键由左下角拖动至中心位置，效果如左下图所示。

02 设置参数并创建多边形轮廓景。选择工具箱中的"多边形工具"📷，在选项栏中设置参数如中下图所示。创建一个新图层为"图层1"，在图像中心位置按住鼠标左键向外拖动，效果如右下图所示。

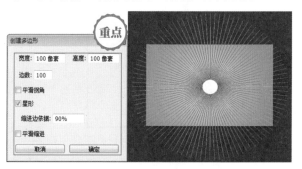

03 填充选区颜色。按【Ctrl+Enter】快捷键将路径转换为选区，将其填充为白色，如左下图所示。

04 置入素材并填充选区颜色。执行"文件→置入"命令，在弹出的"打开"对话框中置入素材文件3-4-01.jpg，并命名为"花纹"，选择工具箱中的"魔棒工具"🪄，单击图像中的白色区域，按【Delete】键删除，按住【Ctrl】键单击"花纹"图层，调出选区；设置前景色（R：247、G：141、B：35），按【Alt+Delete】快捷键填充颜色，如右下图所示。

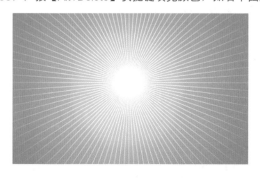

05 复制图案。创建一个新图层为"花朵",按【Ctrl+Enter】快捷键将路径转换为选区,选择工具箱中的"渐变工具" ■ ,设置渐变颜色由左至右(R:245、G:59、B:173)、(R:5、G:64、B:176),填充选区渐变效果如左下图所示。分别复制"花朵"图层,按【Ctrl+T】快捷键进行旋转调整,效果如右下图所示。

06 复制并填充渐变。复制"花朵"图案,移动至合适位置后,按住【Ctrl】键单击"花朵"图层,调出选区;选择"渐变工具" ■ ,在"渐变编辑器"对话框中选择"橙,黄,橙渐变",在图像选区中填充渐变颜色,效果如左下图所示。置入素材文件3-4-02.jpg,并命名为"花卷",如右下图所示。

07 复制图层并绘制。复制"花卷"图层,并移动至合适位置,按【Ctrl+T】快捷键旋转图像,效果如左下图所示。创建一个新图层为"图层2",选择工具箱中的"画笔工具" ✔ ,设置前景色为白色,在图像中绘制圆点,最终效果如右下图所示。

大师心得

  使用"画笔工具"在图像中涂抹两次,是为了在做后面的效果时,图像显得更加柔和、颜色更加丰富。如果一次能达到效果,可不必重复。在涂抹时,要注意颜色的搭配,尽量选择鲜艳的颜色,注意调整画笔的大小,这样涂抹后的画面具有层次感。

案例 **05** 层叠红色纱质背景

案例效果

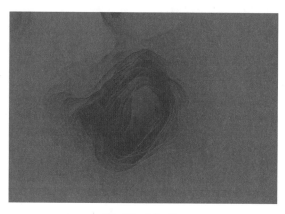

制作分析

制作关键	
本例难易度 ★★★☆☆	本实例主要是通过创建一个白色光晕效果的背景，并通过滤镜创建出纹理效果，接着再使用"光照效果"命令制作出层叠效果，最后使用"渐变映射"调整图层添加颜色，就完成制作。

技能与知识要点

• "画笔工具"的使用	• "中间值"命令	• "渐变映射"调整图层
• "晶格化"命令	• "光照效果"命令	

具体步骤

01 新建文档并添加光照效果。按【Ctrl+N】快捷键，新建一个宽度为650像素、高度为450像素、分辨率为72像素/英寸的文档，如左下图所示。将背景填充为黑色，如右下图所示。

02 绘制白色光晕。设置前景色为白色，选择工具箱中的"画笔工具" ，新建"白色光晕"图层，绘制柔和的圆点，效果如左下图所示。

03 变换大小。按住【Shift+Alt】键，以图像中心为基准等比例扩大图像，效果如右下图所示。

04 绘制云彩效果。新建"云彩"图层，按【D】键恢复默认前（背）景色，执行"滤镜→渲染→云彩"命令，效果如左下图所示。

05 更改图层混合模式。更改"云彩"图层混合模式为"线性光"，"填充"为48%。圆形画笔图像受到云雾图像的影响变成不规则形态，如右下图所示。

06 创建颗粒效果。按【Alt+Shift+Ctrl+E】快捷键盖印图层，命名为"效果"。执行"滤镜→象素化→晶格化"命令，设置"单元格大小"为30，如左下图所示。通过前面的操作，形成不规则形状的颗粒，效果如右下图所示。

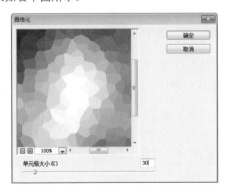 

07 合成相近颜色。执行"滤镜→杂色→中间值"命令，设置"半径"为25像素，如左图所示。通过前面的操作，制作按地形的高度排列的阶梯形状，效果如右下图所示。

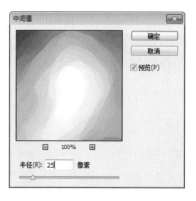 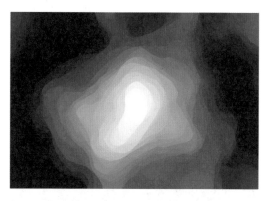

08 创建光照效果。按【Ctrl+J】快捷键复制图层，命名为"光照"。执行"滤镜→渲染→光照效果"命令，设置"聚光灯"颜色为黄色，设置"纹理"为红色，表现立体效果，如下图所示。

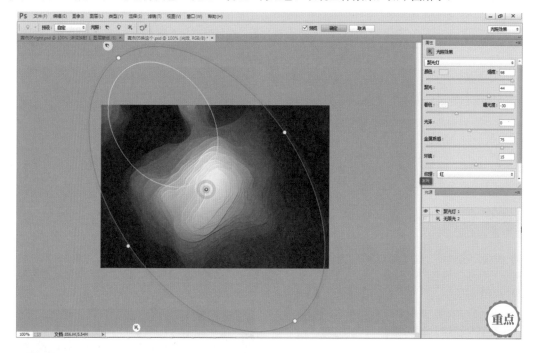

光照效果

渲染滤镜主要用于使图像不同程度地产生三维造型或光线照射效果，或给图像添加特殊的光线，比如云彩、镜头折光等效果。

光照效果包括17种光照风格、3种光照类型和4组光照属性，可以在RGB图像上制作出各种各样的光照效果。

加入新的纹理或浮雕等效果，可以使平面图像产生三维立体的效果。

在弹出的"光照效果"对话框中，可以在缩略图中调整光照效果的范围以及大小。

09 锐化边缘。按【Ctrl+J】快捷键复制图层，命名为"锐化边缘"。执行"滤镜→锐化→USM锐化"命令，设置"数量"为479%，"半径"为10.0像素，如左下图所示。通过前面的操作，使图像的边界部分明显后，更有立体感，效果如右下图所示。

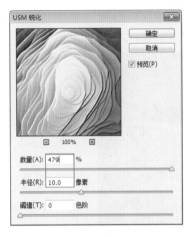

10 更改图层混合模式。更改"锐化边缘"图层混合模式为"正片叠底"，"填充"值为75%，如左下图所示，图像效果如右下图所示。

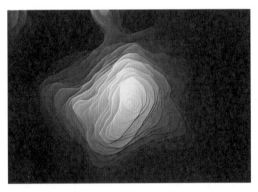

11 添加"渐变映射"调整图层。添加"渐变映射"调整图层，选择"红黑"渐变色，如左下图所示，最终效果如右下图所示。

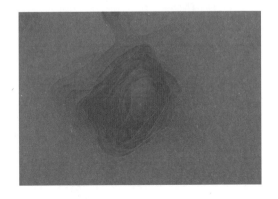

案例 **06** 绚丽波纹背景

案例效果

制作分析

制作关键

本例难易度 ★★★☆☆

本实例主要通过在填充的渐变背景上绘制出曲线，然后添加"投影"、"外发光"效果，接着复制移动至合适位置，最后将绘制圆点添加"外发光"效果，完成制作。

技能与知识要点

- "渐变工具"的使用
- "图层样式"的使用

具体步骤

01 新建文档并添加渐变颜色。按【Ctrl+N】快捷键，新建一个宽度为700像素，高度为500像素，分辨率为300像素/英寸的文档。选择工具箱中的"渐变工具"，在选项栏中，单击"对称渐变"按钮，单击选项栏中的"渐变颜色条"，弹出"渐变编辑器"对话框，设置从左至右的颜色（R：14、G：94、B：72）、（R：1、G：44、B：9）；如左下图所示。在图像中由上至下创建渐变色，效果如右下图所示。

02 创建椭圆选区并填充颜色。创建"图层1"，选择工具箱中的"椭圆选框工具"○，在图像中绘制椭圆；按【Shift+F6】快捷键弹出"羽化选区"对话框，参数设置如左下图所示。设置前景色（R：73、G：235、B：146），按【Alt+Delete】快捷键填充颜色，如右下图所示。

03 绘制曲线轮廓。按【Ctrl+T】快捷键调整图像大小，效果如左下图所示。创建新图层"图层2"，选择工具箱中的"钢笔工具"✐，在图像中绘制出曲线轮廓，如右下图所示。

04 设置渐变颜色。按【Ctrl+Enter】快捷键将路径转换为选区，接着按【Shift+F6】快捷键，在弹出的"羽化选区"对话框中设置参数，如左下图所示。选择工具箱中的"渐变工具"▮，单击选项栏中的"渐变颜色条"，弹出"渐变编辑器"对话框，设置左右两侧颜色（R：0、G：122、B：215）、中间为白色，如右下图所示。

05 添加投影效果。设置完成后，保持选区不变，选择渐变类型为"径向渐变"▮，按住鼠标左键由右下角拖动至左上角，创建渐变颜色效果，如左下图所示。双击"图层2"，在弹出的"图层样式"对话框中，选择"投影"选项，设置投影颜色（R：0、G：39、B：36）其他参数如右下图所示。

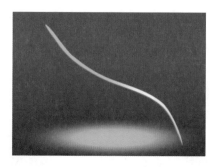 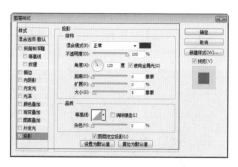

06 添加外发光效果。选择"外发光"选项，设置外发光颜色（R：179、G：245、B：216），其他参数如左下图所示。设置完成后，效果如右下图所示。

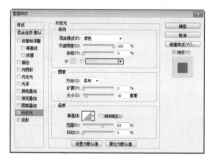 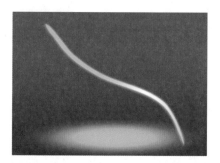

07 将图像变形。按【Ctrl+T】快捷键右击鼠标，在弹出的快捷菜单中选择"变形"，向内拖动控制点进行变形处理，效果如左下图所示。按【Ctrl+J】快捷键复制"图层2"，并按【Ctrl+T】快捷键右击鼠标，在弹出的快捷菜单中选择"水平翻转"，并移动至合适位置，如右下图所示。

 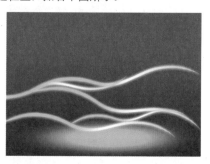

08 填充渐变颜色。创建一个新图层为"图层3"，选择工具箱中的"椭圆选框工具" ◯，在图像中绘制圆形，如左下图所示。选择工具箱中的"渐变工具" ■，保持选区不变，由上至下拖动鼠标填充渐变颜色，效果如右下图所示。

09 添加高斯模式滤镜效果。执行"滤镜→模糊→高斯模糊"命令，在弹出的"高斯模糊"对话框中设置参数，如左下图所示。创建新图层"图层4"，选择工具箱中的"画笔工具" ✎ ，在选项栏中选择"柔边圆压力大小"样式，设置大小为10像素，在图像中绘制大小不一的圆点，如右下图所示。

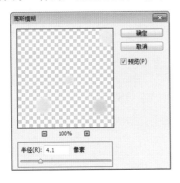

10 添加外发光效果。双击"图层4"，在弹出的"图层样式"对话框中，选择"外发光"选项，设置外发光颜色值（R：197、G：245、B：106），其他参数如左下图所示。设置完成后，最终效果如右下图所示。

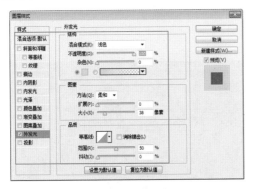

案例 07 音乐元素背景

案例效果

制作分析

	制作关键
本 例 难 易 度 ★★★★★	本实例主要通过创建渐变背景，然后将绘制完成的光束进行变形，最后绘制曲线，进行复制变形并添加圆点，完成制作。
	技能与知识要点
	• "变形"命令　　　　　　　　　　　　• "画笔"的预设

具体步骤

01 新建文档。按【Ctrl+N】快捷键、新建一个宽度为1200像素、高度为750像素、分辨率为300像素/英寸的文档；选择工具箱中的"渐变工具" ，单击选项栏中的"渐变颜色条"，弹出"渐变编辑器"对话框，设置从左至右颜色值（R：32、G：0、B：63）、（R：0、G：4、B：121）、（R：128、G：167、B：214），如左下图所示。

02 创建渐变背景。设置完成后，在图像中创建渐变颜色，如右下图所示。

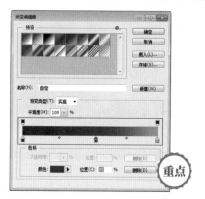

03 创建选区。创建新图层为"图层1"，选择工具箱中的"椭圆选框工具" ，在图像中创建椭圆选区，按【Shift+F6】快捷键，在弹出的"羽化选区"对话框中设置参数，如左下图所示。

04 填充选区。设置完成后，设置前景色为白色，按【Alt+Delete】快捷键填充，效果如右下图所示。

05 创建选区。创建一个图层组，命令为"光束"，创建一个新图层为"图层2"，选择工具箱中的"钢笔工具" ，在图像中绘制出曲线轮廓，按【Ctrl+Enter】快捷键将路径转换为选区，按【Alt+Delete】快捷键填充前景色，效果如左下图所示。

06 填充选区。单击图层面板底部的"添加图层蒙版"按钮 ，使用"钢笔工具"，绘制轮廓，按【Ctrl+Enter】快捷键将路径转换为选区；设置前景色为黑色，按【Alt+Delete】快捷键填充，并按【Shift+F6】快捷键，在弹出的"羽化选区"对话框中设置参数，如右下图所示。

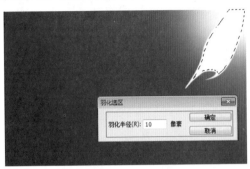

07 复制图层并进行变形。填充完成后，效果如左下图所示。复制"图层2"，得到"图层2副本"，按【Ctrl+T】快捷键，右击鼠标，在弹出的快捷菜单中选择"变形"，拖动四周控制点进行变形，如右下图所示。

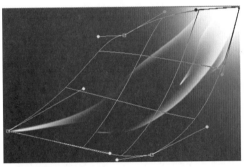

08 再次复制图层并进行变形。复制"图层2"图层，得到"图层2副本2"，按【Ctrl】键单击图层缩览图，调出选区，并设置前景色（R：242、G：242、B：205）按【Alt+Delete】快捷键填充，按【Ctrl+T】快捷键，右击鼠标并在弹出的快捷菜单中选择"变形"，拖动四周控制点变形，如左下图所示。

09 进行变形。复制得到"图层2副本3"，同样进行变形处理，效果如右下图所示。

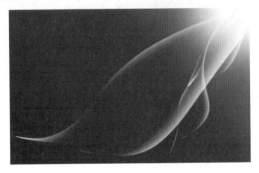

10 创建路径。变形完成后，创建一个图层组命令为"线条"，创建一个新图层为"曲线"，选择工具箱中的"钢笔工具" ，在图像中绘制出曲线的轮廓，如左下图所示。

11 进行描边处理。设置画笔大小为2像素，前景色为白色；切换至"路径"面板，单击"路径"面板底部的"用画笔进行描边"按钮 ，效果如右下图所示。

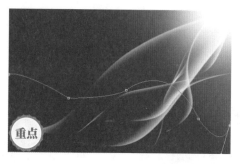 

12 复制图层并进行变形处理。选择"曲线"图层，按【Ctrl+Shift+Alt+↑】快捷键14次进行复制移动，效果如左下图所示。按【Ctrl+T】快捷键进行变形扭曲，效果如右下图所示。

13 添加"高斯模糊"滤镜。选择工具箱中的"钢笔工具" ，在属性栏选择"路径"模式，追加"音乐"图案，选择"八分音符"，如左下图所示，新建"图层3"，绘制形状，按【Ctrl+Enter】快捷键将形状转换为选区，填充颜色，效果如右下图所示。

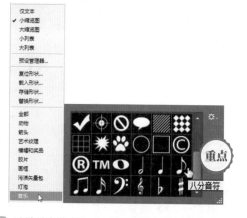 

14 继续绘制音符。在"形状"下拉列表框中，选择不同的音符形状进行绘制，效果如左下图所示。

15 填充音符颜色。按【Ctrl+Enter】快捷键，将路径转换为选区，填充白色，最终效果如右下图所示。

单击"形状"后的下拉按钮，在下拉框中没有需要的符号时，可以加载需要的符号。单击需要的符号类型，选择"追加"选项，即可完成追加符号的操作。

案例 08 自由涂鸦背景

	制作关键
本例难易度 ★★★☆☆	本实例主要通过添加"云彩"、"调色刀"、"海报边缘"等滤镜制作出图像效果，然后将置换图像添加"纤维"、"干画笔"滤镜，制作出涂抹效果，最后添加"晶格化"、"照片滤镜"等调整图像色调，完成制作。
	技能与知识要点
	• "可选颜色"命令　　　• "置换"命令　　　• "晶格化"命令

具体步骤

01 新建文档并添加"分层云彩"滤镜效果。按【Ctrl+N】快捷键，新建一个宽度为800像素、高度为600像素、分辨率为300像素/英寸的文档；创建一个新图层为"图层1"，设置前景色为黑色、背景色为白色；执行"滤镜→渲染→云彩"命令，按【Ctrl+F】快捷键重复操作，再执行"滤镜→渲染→分层云彩"命令，效果如左下图所示。

02 调整图像亮度。执行"图像→调整→反相"命令（反相快捷键：【Ctrl+I】），执行"图像→调整→色阶"命令（色阶快捷键：【Ctrl+L】），打开"色阶"对话框，参数设置如右下图所示。

 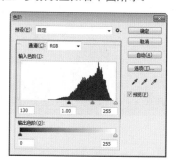

03 添加"调色刀"滤镜效果。设置完成后，效果如左下图所示。执行"滤镜→艺术效果→调色刀"命令，在弹出的"调色刀"对话框中设置参数，如右下图所示。

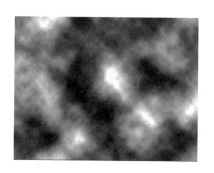 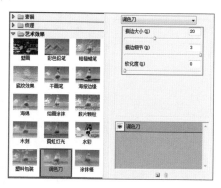

04 添加"海报边缘"、"玻璃"滤镜效果。执行"滤镜→艺术效果→海报边缘"命令，在弹出的"海报边缘"对话框中设置参数，如左下图所示。执行"滤镜→扭曲→玻璃"命令，在弹出的"玻璃"对话框中设置参数，如右下图所示。

05 新建文档并添加"绘图笔"滤镜效果。设置完成后，按【Ctrl+S】快捷键存储为"置换图"，效果如左下图所示。按【Ctrl+N】快捷键、新建一个宽度为800像素、高度为600像素、分辨率为300像素/英寸的文档；设置前景色为黑色、背景色为白色；执行"滤镜→渲染→云彩"命令，再执行"滤镜→素描→绘图笔"命令，在弹出的"绘图笔"对话框中设置参数，如右下图所示。

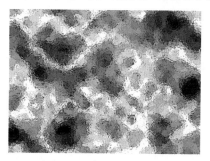 

06 调整色调。设置完成后，效果如左下图所示。按【Ctrl+U】快捷键，在弹出的"色相/饱和度"对话框中设置参数，如右下图所示。

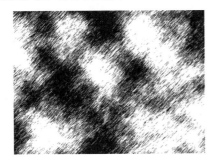
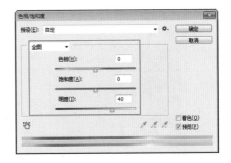

07 添加"高斯模糊"滤镜与设置"置换"参数。执行"滤镜→模糊→高斯模糊"命令，在弹出的"高斯模糊"对话框中设置参数，如左下图所示。执行"滤镜→扭曲→置换"命令，在弹出的"置换"对话框中设置参数，如右下图所示。

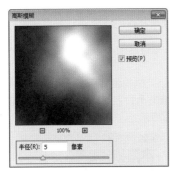

大师心得

　　"置换"实际是一种增效滤镜，与其他"扭曲"命令不同的是："置换"必须使用"置换图"，已确定如何扭曲。需注意的是，置换图必须是PSD格式。"置换"滤镜的工作原理中规定：红色通道控制像素的水平移动；绿色通道控制像素的垂直移动；蓝色通道则不参与置换。

08 添加"纤维"滤镜效果。设置完成后，单击"确定"按钮，在弹出的"选择一个置换图"对话框中，选择之前所存储的图像，效果如左下图所示。创建一个新图层为"图层2"，执行"滤镜→渲染→纤维"命令，在弹出的"纤维"对话框中设置参数，如右下图所示。

09 添加"高斯模糊"、"干画笔"滤镜效果。执行"滤镜→模糊→高斯模糊"命令，在弹出的"高斯模糊"对话框中设置参数，如左下图所示。执行"滤镜→艺术效果→干画笔"命令，在弹出的"干画笔"对话框中设置参数，如右下图所示。

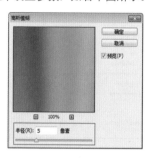
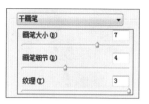

干画笔

知识
扩展

　　"干画笔"滤镜是使用干画笔技术来绘制图像边缘，此滤镜通过将图像的颜色范围降到普通颜色范围来简化图像。

10 设置图层混合模式并"添加杂色"滤镜效果。设置"图层1"的图层混合模式为"正片叠底"，填充为80%，如左下图所示。创建一个新图层为"图层2"，并填充为白色，执行"滤镜→杂色→添加杂色"命令，在弹出的"添加杂色"对话框中设置参数，如右下图所示。

11 添加"晶格化"滤镜效果。执行"滤镜→像素化→晶格化"命令，在弹出的"晶格化"对话框中设置参数，如左下图所示。执行"图像→调整→照片滤镜"命令，在弹出的"照片滤镜"对话框中，选择"颜色"单选项，设置颜色值（R：202、G：27、B：6），相关参数设置如右下图所示。

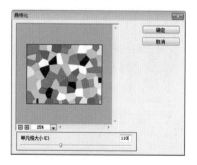
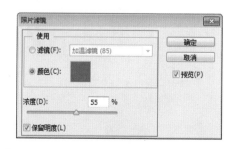

12 添加"动感模糊"滤镜效果。设置完成后,效果如左下图所示。执行"滤镜→模糊→动感模糊"命令,在弹出的"动感模糊"对话框中设置参数,如右下图所示。

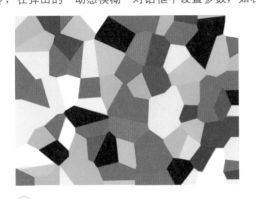 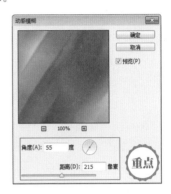

动感模糊

知识
扩展

　　需要实现具有动感的图像效果,可使用滤镜中的"动感模糊",当模糊角度为0°时,图像沿水平方向进行扩展;当模糊角度为90°时,图像沿垂直方向进行扩展;当模糊角度设置为45°,图像则沿45°角方向扩展。

13 添加模糊效果。执行"滤镜→模糊→高斯模糊"命令,在弹出的"高斯模糊"对话框中,设置"半径"为5像素,如左下图所示。更改"图层2"的图层混合模式为"颜色",效果如右下图所示。

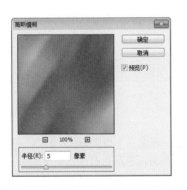 

14 调整色调。按【Ctrl+B】快捷键,在弹出的"色彩平衡"对话框中设置参数,如左下图所示。最终效果如右下图所示。

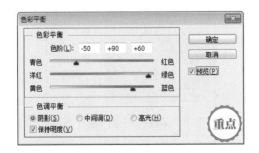 

案例 09 未来场景背景

案例效果

制作分析

本例难易度 ★★★☆☆	制作关键
	本实例主要通过添加"云彩"、"马赛克"、"强化的边缘"等滤镜，然后更改图层混合模式，并调整图像的亮度，最后添加"高斯模糊"、"动感模糊"等滤镜制作出朦胧效果，完成制作。
	技能与知识要点
	• "强化的边缘"命令　　　　　　　　　• "马赛克"命令

具体步骤

01 新建文档并添加"云彩"滤镜效果。按【Ctrl+N】快捷键，新建一个宽度为700像素、高度为500像素、分辨率为300像素/英寸的文档；设置前景色为黑色、背景色为白色；执行"滤镜→渲染→云彩"命令，效果如左下图所示。

02 添加"马赛克"滤镜效果。执行"滤镜→像素化→马赛克"命令，在弹出的"马赛克"对话框中设置参数，如右下图所示。

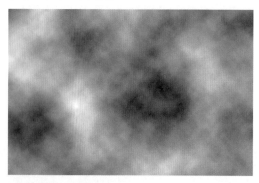

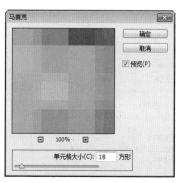

　　"云彩"滤镜与"分层云彩"滤镜的主要功能是生成云彩，但两者产生云彩的方法不同，"云彩"滤镜是利用前景色和背景色之间的随机像素值将图像转换为柔和云彩，而"分层云彩"滤镜是将图像进行"云彩"滤镜效果后，再进行反相图像，使其产生的纹理更加丰富。

03 添加"径向模糊"、"浮雕效果"。执行"滤镜→模糊→径向模糊"命令，在弹出的"径向模糊"对话框中设置参数，如左下图所示。执行"滤镜→风格化→浮雕效果"命令，在弹出的"浮雕效果"对话框中设置参数，如右下图所示。

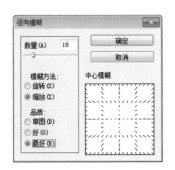

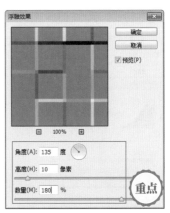

04 添加"强化的边缘"、"查找边缘"滤镜效果。执行"滤镜→画笔描边→强化的边缘"命令，在弹出的"强化的边缘"对话框中设置参数，如左下图所示。执行"滤镜→风格化→查找边缘"命令，效果如右下图所示。

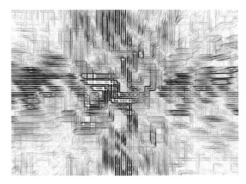

强化的边缘

　　"强化的边缘"滤镜是用来强化图像边缘。设置高的边缘亮度控制值时，强化效果类似于白色粉笔，设置低的边缘亮度控制值时，强化的效果类似于黑色油墨。

05 反相图像并添加"径向模糊"滤镜效果。按【Ctrl+I】快捷键将图像进行反相处理，效果如左下图所示。执行"滤镜→模糊→径向模糊"命令，在弹出的"径向模糊"对话框中设置参数，如右下图所示。

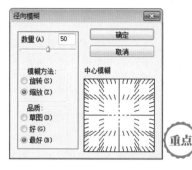

06 调整图像亮度。设置完成后，按【Ctrl+L】快捷键，在弹出的"色阶"对话框中设置参数，如左下图所示。设置完成后，效果如右下图所示。

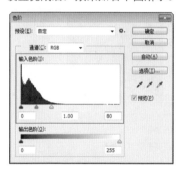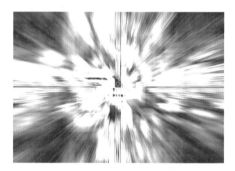

07 添加"径向模糊"滤镜效果。执行"滤镜→模糊→径向模糊"命令，在弹出的"径向模糊"对话框中设置参数，如左下图所示。设置完成后，效果如右下图所示。

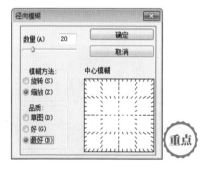

08 添加"云彩"、"马赛克"滤镜效果。创建一个新图层为"图层1"，设置前景色为黑色、背景色为白色，执行"滤镜→渲染→云彩"命令，效果如左下图所示。执行"滤镜→像素化→马赛克"命令，在弹出的"马赛克"对话框中设置参数，如右下图所示。

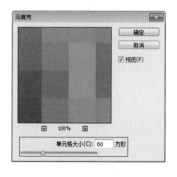

"马赛克"滤镜是将图像中具有相似色彩的像素合成更大的方块，并按原图规则排列，模拟马赛克的效果。在"马赛克"对话框中只有一个"单元格大小"选项，用于确定产生马赛克的方块大小。

09 设置图层混合模式并添加"杂色"滤镜效果。设置"图层1"的图层混合模式为"叠加"，效果如左下图所示。创建一个新图层为"图层2"，按【Alt+Delete】快捷键填充为黑色；执行"滤镜→杂色→添加杂色"命令，在弹出的"添加杂色"对话框中设置参数，如右下图所示。

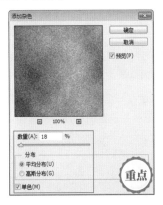

10 添加"晶格化"滤镜效果。执行"滤镜→像素化→晶格化"命令，在弹出的"晶格化"对话框中设置参数，如左下图所示。设置完成后，效果如右下图所示。

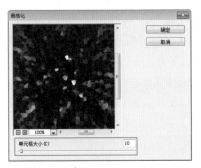

11 调整亮度并添加"径向模糊"滤镜效果。按【Ctrl+L】快捷键，在弹出的"色阶"对话框中设置参数，如左下图所示。执行"滤镜→模糊→径向模糊"命令，在弹出的"径向模糊"对话框中设置参数，如右下图所示。

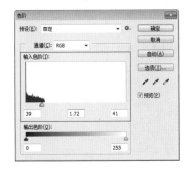

12 设置图层混合模式并新建图层。设置"图层2"的图层混合模式为"线条减淡（添加）"，效果如左下图所示。创建一个新图层为"图层3"，设置前景色（R：59、G：85、B：114），选择工具箱中的"渐变工具"，在选项栏中，单击渐变色条，打开"渐变编辑器"，在"预设"栏中，单击"色谱"图标，如右下图所示。

13 填充渐变色并设置图层混合模式。在选项栏中，单击"径向渐变"按钮，拖动鼠标填充渐变色，如左下图所示；并设置图层混合模式为"颜色"，最终效果如右下图所示。

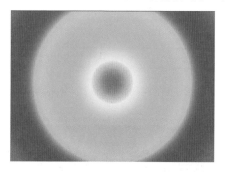

案例 10 五彩对称线条背景

案例效果

制作分析

本例难易度 ★★☆☆☆	制作关键
	本实例主要先制作出光影效果，再通过图层的旋转和叠加丰富画面，最后通过"渐变映射"调整图层为图像添加五彩色，完成制作。
	技能与知识要点
	• "渐变工具" ⬛ 图层混合 • 变换操作 ⬛ "渐变映射"调整图层

具体步骤

01 新建文档。按【Ctrl+N】快捷键，新建一个宽度为1000像素、高度为1000像素、分辨率为72像素/英寸的文档，如左下图所示。

02 填充渐变色。选择工具箱中的"渐变工具" ▣，在选项栏中设置混合模式为叠加，在图像中拖动鼠标填充渐变色，如右下图所示。

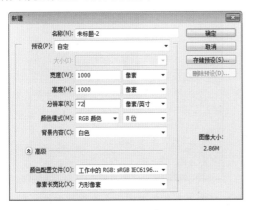
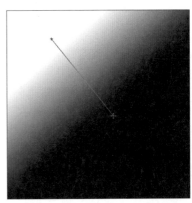

03 继续添加渐变效果。多次拖动鼠标填充渐变，效果如左下图所示。按【Ctrl+J】快捷键复制图层，执行"编辑→变换→水平翻转"命令，水平翻转对象，更改图层混合模式为"变亮"如右下图所示。

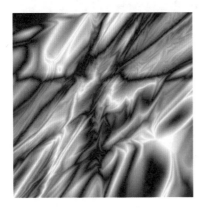

04 合并图层。按【Ctrl+E】快捷键，向下合并图层。按【Ctrl+J】快捷键复制图层，如左下图所示。执行"编辑→变换→垂直翻转"命令，垂直翻转对象，更改图层混合模式为"变亮"，如右下图所示。

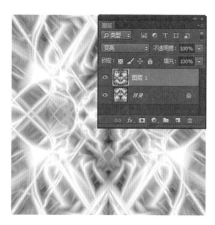

05 合并图层。按【Ctrl+E】快捷键，向下合并图层。按【Ctrl+J】快捷键复制图层，如左下图所示。
执行"编辑→变换→旋转90度（顺时针）"命令，旋转对象，更改图层混合模式为"变亮"，如右下图
所示。

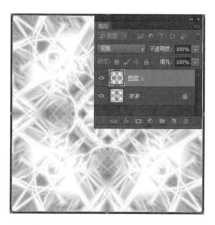

06 为图像添加颜色。创建"渐变叠加"调整图层，在打开的"属性"面板中，设置渐变色条为"色
谱"，如左下图所示，设置完成后，效果如右下图所示。

07 调整图像。单击选择"图层1"，按【Ctrl+I】快捷键反向图层，效果如左下图所示。按【Ctrl+J】
快捷键复制图层，得到"图层1拷贝"，更改图层混合模式为"柔光"，效果如右下图所示。

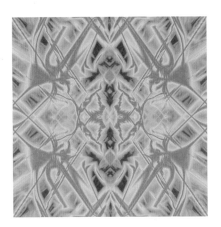 

08 调整颜色。按【Ctrl+I】快捷键复制"渐变映射1"调整图层，效果如左下图所示。按【Ctrl+J】快捷键复制图层，更改图层混合模式为"变亮"，最终效果如右下图所示。

 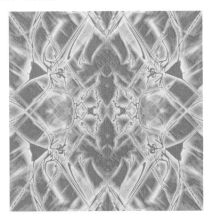

案例 **11** 太空星系背景

案例效果

本例难易度	★★★★☆	制作关键
		本实例主要通过使用"粉笔和炭笔"、"极坐标"、"球面化"滤镜制作出球体效果，然后使用"分层云彩"制作出背景效果，最后绘制亮点并添加"镜头光晕"滤镜，完成制作。

技能与知识要点

• "粉笔和炭笔"命令　　　　　　　• "墨水轮廓"命令

具体步骤

01 新建文档并添加"云彩"、"粉笔和炭笔"滤镜。按【Ctrl+N】快捷键，新建一个宽度为800像素、高度为600像素、分辨率为300像素/英寸的文档；创建一个新图层为"图层1"，设置前景色为黑色，背景色为白色，执行"滤镜→渲染→云彩"命令，效果如左下图所示。执行"滤镜→素描→粉笔和炭笔"命令，在弹出的"粉笔和炭笔"对话框中设置参数，如右下图所示。

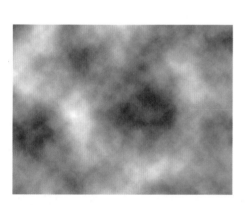

02 添加"极坐标"滤镜效果并调整图像大小。设置完成后，执行"滤镜→扭曲→极坐标"命令，在弹出的"极坐标"对话框中选中"平面坐标到极坐标"单选按钮，如左下图所示。设置完成后，按【Ctrl+T】快捷键调整图像大小，使其呈椭圆效果，如右下图所示。

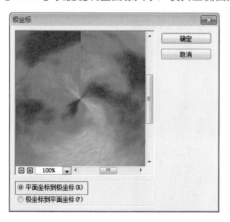

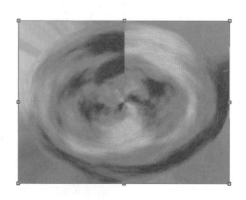

通常来说，"极坐标"滤镜虽然不会像"模糊"滤镜和"光照"滤镜应用得那么广泛，但它的确是Photoshop工具箱里的得力助手。"极坐标"滤镜的对话框中一共有两个选项："平面坐标到极坐标"主要是以图像为中心点为圆心，使图像作圆形扭曲，并首尾相连；"极坐标到平面坐标"是以图像底边的中心点为圆点，向外扭曲，呈喷射状，并从外向内扭曲。一般来说，前者是我们经常用到的选项。多体验一下，保证您会喜欢最终效果的！

03 创建椭圆选区并删除多余图像。设置完成后，选择工具箱中的"椭圆选框工具" ⬭，将鼠标指针移至图像中心位置，按【Shift+ Alt】快捷键的同时，按住鼠标左键拖动创建椭圆选区；按【Shift+ F6】快捷键，在弹出的"羽化选区"对话框中设置参数，如左下图所示。按【Ctrl+Shift+I】快捷键反选图像，按【Delete】键删除多余图像，如右下图所示。

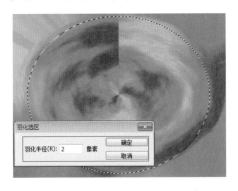
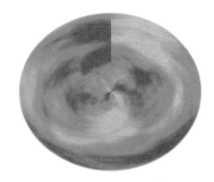

04 修复图像。选择工具箱中的"仿制图章工具" ⬚，将鼠标指针移到至圆形内，按住【Alt】键单击鼠标左键进行采样，采样完毕后释放【Alt】键，将指针指向圆形上半部中间的拼合位置，单击鼠标左键进行涂抹即可逐步修复图像，效果如左下图所示。

05 创建选区。选择工具箱中的"椭圆选框工具" ⬭，在图像中创建选区，按【Shift+ F6】快捷键，在弹出的"羽化选区"对话框中设置参数，如右下图所示。

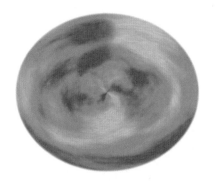
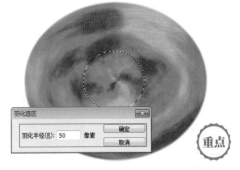

06 添加"云彩"、"粉笔和炭笔"滤镜效果。创建一个新图层为"图层2"，执行"滤镜→渲染→云彩"命令，再执行"滤镜→素描→粉笔和炭笔"命令，在弹出的"粉笔和炭笔"对话框中设置参数，如左下图所示。

07 合并图层。设置完成后，按住【Ctrl】键单击"图层2"、"图层1"，按【Ctrl+E】快捷键合并图层为"图层2"，效果如右下图所示。

粉笔和炭笔

知识扩展

　　"粉笔和炭笔"滤镜用于模拟粉笔和木炭笔作为绘画工具绘制图像，经过它处理的图像显示前景色、背景色和中间色。在该对话框中，"炭笔区"变化范围为0~20，值越大，反映炭笔画特征越明显；"粉笔区"范围为0~20，值越大，反映粉笔画特征越明显；"描边压力"变化范围为0~5，值越大，黑白界限就越分明。

08 添加"高斯模糊"、"墨水轮廓"滤镜效果。复制"图层2"，得到"图层2副本"，执行"滤镜→模糊→高斯模糊"命令，在弹出的"高斯模糊"对话框设置参数，如左下图所示。执行"滤镜→画笔描边→墨水轮廓"命令，在弹出的"墨水轮廓"对话框设置参数，如右下图所示。

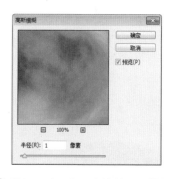

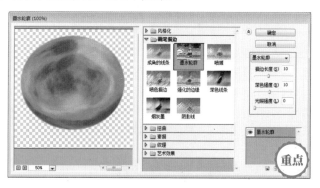

09 添加"球面化"滤镜效果。设置"图层2副本"的图层混合模式为"滤色"，选择"图层2副本"，右击鼠标在弹出的快捷菜单中选择"向下合并"，如左下图所示。执行"滤镜→扭曲→球面化"命令，在弹出的"球面化"对话框设置参数，如右下图所示。

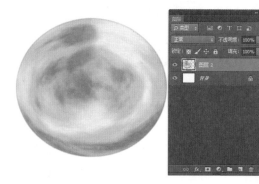

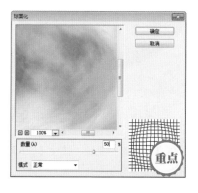

10 调整球面大小并填充背景色。设置完成后，效果如左下图所示。按【Ctrl+T】快捷键调整图像大小，并移动至合适位置，选择"背景"图层，填充背景颜色为黑色，如右下图所示。

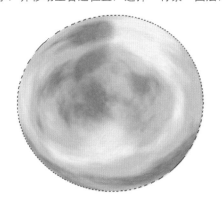 

11 调整图像色调。选择"图层2"图层，按【Ctrl+U】快捷键设置参数如左下图所示。设置完成后，效果如右下图所示。

12 创建阴影选区并填充颜色。选择工具箱中的"椭圆选框工具"〇，在图像创建椭圆选区，按【Ctrl+Shift+I】快捷键将选区反选；按【Shift+F6】快捷键，在弹出的"羽化选区"对话框设置参数，如左下图所示。创建一个新图层为"图层1"，设置前景色（R：12、G：14、B：58）按【Alt+Delete】快捷键进行填充，效果如右下图所示。

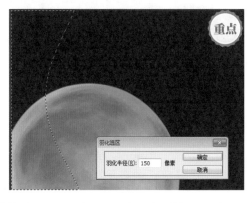 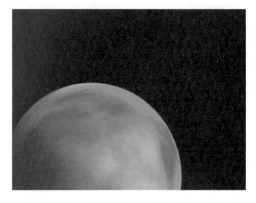

13 添加"外发光"、"内发光"效果。双击"图层2"，在弹出的"图层样式"面板中选择"外发光"，参数设置如左下图所示。选择"内发光"选项，参数设置如右下图所示。

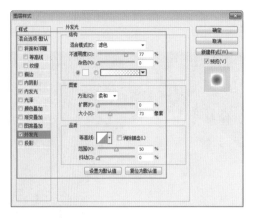
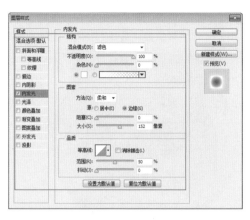

14 涂抹颜色并设置图层混合模式。设置完成后，效果如左下图所示。创建一个新图层命名为"颜色"，移动至"图层1"图层下；设置前景色（R：71、G：8、B：82），选择工具箱中的"画笔工具" 在图像中进行涂抹，并设置图层混合模式为"颜色"，如右下图所示。

15 添加"云彩"、"高斯模式"滤镜效果。创建一个新图层命名为"云彩"，移动至"背景"图层上；设置前景色（R：21、G：16、B：63），背景色为白色，执行"滤镜→渲染→云彩"命令，效果如左下图所示。执行"滤镜→模糊→高斯模糊"命令，在弹出的"高斯模糊"对话框中设置参数，如右下图所示。

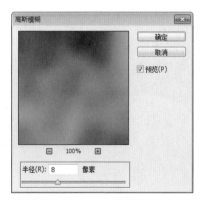

16 添加"分层云彩"滤镜效果并设置画笔参数。执行"滤镜→渲染→分层云彩"命令，按【Ctrl+F】快捷键重复分层云彩命令，效果如左下图所示。选择工具箱中的"画笔工具" ，按【F5】键弹出"画笔"面板，参数设置如右下图所示。

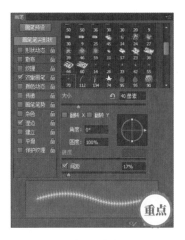

17 设置画笔参数。选择"形状动态"选项，设置参数如左下图所示。选择"散布"选项，设置参数如右下图所示。

18 绘制星光。创建一个新图层命名为"星光"，使用"画笔工具" ✐ 在图像中绘制星光，如左下图所示。双击"星光"图层，在弹出的"图层样式"面板中选择"外发光"选项，设置发光颜色（R：11、G：44、B：244），其他参数设置如右下图所示。

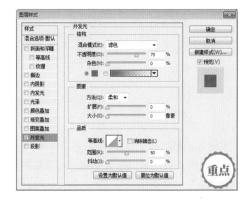

19 添加"镜头光晕"滤镜效果。设置完成后，选择"图层1"，执行"滤镜→渲染→镜头光晕"命令，在弹出的"镜头光晕"对话框中设置参数，如左下图所示。设置完成后，完成效果如右下图所示。

案例 **12** 炫丽小线条背景

案例效果

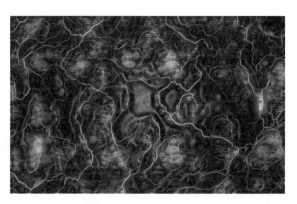

制作分析

本例难易度 ★★★☆☆	制作关键
	本实例主要通过添加"云彩"、"调色刀"滤镜，然后添加"照亮边缘"、"塑料包装"等滤镜制作出侵蚀的效果，最后创建渐变图层并设置图层混合模式，完成制作。
	技能与知识要点
	• "调色刀"命令　　　　　　　　　　• "塑料包装"命令

具体步骤

01 新建文档并添加"云彩"滤镜效果。按【Ctrl+N】快捷键，新建一个宽度为800像素、高度为500像素的文档；按【Alt+Delete】快捷键，将背景色填充为黑色，执行"滤镜→渲染→云彩"命令，效果如左下图所示。

02 添加"调色刀"滤镜效果。执行"滤镜→艺术效果→调色刀"命令，在弹出的"调色刀"对话框中设置参数，如右下图所示。

 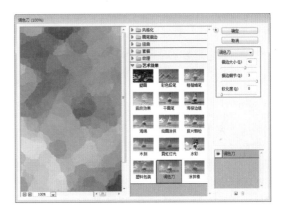

03 添加"粗糙蜡笔"、"照亮边缘"滤镜效果。执行"滤镜→艺术效果→粗糙蜡笔"命令，在弹出的"粗糙蜡笔"对话框中设置参数，如左下图所示。设置完成后，执行"滤镜→风格化→照亮边缘"命令，在弹出的"照亮边缘"对话框中设置参数，如右下图所示。

04 添加"扩散亮光"滤镜效果。执行"滤镜→扭曲→扩散亮光"命令，在弹出的"扩散亮光"对话框中设置参数，如左下图所示。设置完成后，效果如右图所示。

 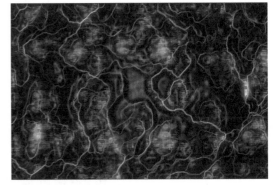

知识扩展

扩散亮光

　　"扩散亮光"滤镜可以为图像添加白色杂色，并从图像中心向外渐隐亮光，让图像产生一种光芒漫射的亮度效果。

05 添加"塑料包装"滤镜效果。执行"滤镜→艺术效果→塑料包装"命令，在弹出的"塑料包装"对话框中设置参数，如左下图所示。设置完成后，按【Ctrl+U】快捷键，在弹出"色相/饱和度"设置参数，如右下图所示。

06 创建渐变并设置图层混合模式。创建一个新图层为"图层1"，选择工具箱中的"渐变工具" ，在选项栏中选择"红，绿渐变"类型，在图像创建渐变效果，如左下图所示。设置"图层1"的图层混合模式为"颜色"，最终效果如右下图所示。

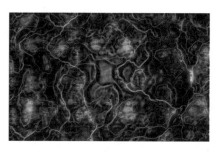

案例 **13** 制作水波纹背景

案例效果

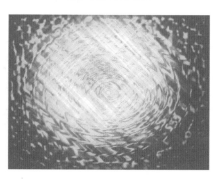

制作分析

	制作关键
本例难易度 ★★★☆☆	本实例主要制作水波纹效果，通过"扭曲"命令组中的命令创建水波纹理，最后制作水波纹的高光，完成制作。
	技能与知识要点
	• "渐变工具"　　　　　　　• "水波"命令
	• "海洋波纹"命令　　　　　• "动感模糊"命令

具体步骤

01 新建文档。按【Ctrl+N】快捷键，新建一个宽度为400像素，高度为300像素，分辨率为200像素/英寸的文档，如左下图所示。

02 设置渐变色。选择工具箱中的"渐变工具" ，在选项栏中单击"渐变色条"，在打开的"渐变编辑器"对话框中，设置渐变色标为蓝（R：43、G：53、B：239）、青（R：64、G：238、B：239）、蓝（R：43、G：53、B：239）如右下图所示。

03 复制图层。在选项栏中单击"径向渐变"按钮 ，从中心往上方拖动鼠标填充渐变色，效果如左下图所示。

04 创建波纹。执行"滤镜→扭曲→海洋波纹"命令，设置"波纹大小"为10，"波纹幅度"为20，如右下图所示。

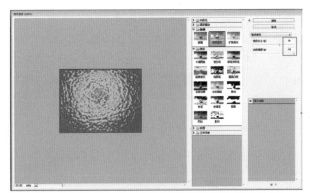

05 创建水波。执行"滤镜→扭曲→水波"命令，设置"数量"为21，"起伏"为9，"样式"为"水池波纹"，如左下图所示。

06 创建选区。执行"选择→色彩范围"命令，单击左边的吸管，在水面波纹的亮部单击，如右下图所示。

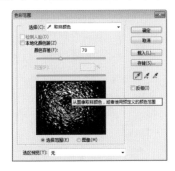

07 填充选区。通过前面的操作创建高光选区，效果如左下图所示。新建图层，命名为"高光"，为选区填充白色，如右下图所示。

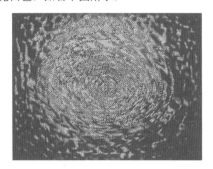 

08 创建动感模糊。按【Ctrl+J】快捷键复制图层，执行"滤镜→模糊→动感模糊"命令，设置"角度"为45度，"距离"为110像素，如左下图所示。效果如右下图所示。

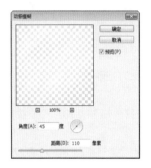 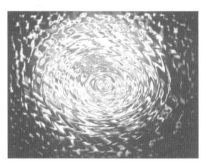

09 继续创建动感模糊。选择"高光"图层，执行"滤镜→模糊→动感模糊"命令，设置"角度"为-45度，"距离"为110像素，如左下图所示。效果如右下图所示。

 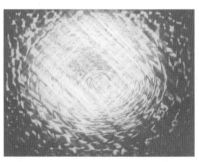

10 锐化图像。选择"高光 拷贝"图层，按【Ctrl+E】快捷键合并图层，执行"滤镜→锐化→USM锐化"命令，参数设置如左下图所示。最终效果如右下图所示。

 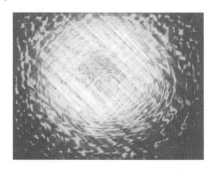

上机实战——跟踪练习成高手

通过前面内容的学习，相信读者对Photoshop特效艺术字的功能已有所认识和掌握，为了巩固前面知识与技能的学习，下面安排一些典型实例，让读者自己动手，根据光盘中的素材文件与操作提示，独立完成这些实例的制作，达到举一反三的学习目的。

为了方便学习，本节相关实例的素材文件、结果文件，以及同步教学文件可以在配套的光盘中查找，具体内容路径如下。

原始素材文件：光盘\素材文件\第3章\上机实战
最终结果文件：光盘\结果文件\第3章\上机实战
同步教学文件：光盘\多媒体教学文件\第3章\上机实战

实战 01 浪漫日出背景

本例难易度 ★★☆☆☆	**制作关键**
	本实例主要通过填充渐变背景，然后添加"云彩"滤镜效果并设置图层混合模式，最后添加"镜头光晕"滤镜效果，完成制作。
	技能与知识要点
	• "云彩"命令　　　　　　　　　• "镜头光晕"命令

01 填充渐变背景。新建一个宽度为800像素、高度为500像素，分辨率为300像素/英寸的文档；选择工具箱中的"渐变工具" █，单击选项栏中的"渐变色条"，弹出"渐变编辑器"对话框，设置从左至

右颜色值（R：154、G：189、B：247）、（R：195、G：26、B：225），设置完成后，在图像中创建渐变颜色。

02 添加"云彩"滤镜效果并设置图层混合模式。创建一个新图层为"图层1"，设置前景色为黑色，背景色为白色，执行"滤镜→渲染→云彩"命令，并设置图层混合模式为"滤色"；单击图层面板底部的"添加图层蒙版"按钮 ⬛，使用"画笔工具" ✐，在选项栏中设置画笔的"不透明度"为40%，在蒙版中进行涂抹，如左下图所示。

03 添加"云彩"滤镜效果并设置图层混合模式。创建一个新图层为"图层2"，使用"画笔工具" ✐，设置前景色为（R：53、G：55、B：79），在图像中进行涂抹；选择"背景"图层，执行"滤镜→渲染→镜头光晕"命令，在弹出的"镜头光晕"对话框中设置参数，如右下图所示。

实战 **02** 艺术色块背景

实战效果

操作提示

<table>
<tr><td rowspan="2">本例难易度</td><td>★</td><td colspan="2" style="text-align:center">制作关键</td></tr>
<tr><td>★</td><td colspan="2">本实例主要通过添加"颗粒"滤镜制作图像颗粒效果，然后添加"点状化"、"中间值"滤镜制作出彩色色块的效果，最后调整图像色调，完成制作。</td></tr>
<tr><td>★</td><td>☆</td><td colspan="2" style="text-align:center">技能与知识要点</td></tr>
<tr><td>☆</td><td>☆</td><td>• "颗粒"命令</td><td>• "点状化"命令</td></tr>
</table>

01 添加"颗粒"、"点状化"滤镜效果。新建一个宽度为800像素、高度为500像素，分辨率为300像素/英寸的文档；执行"滤镜→纹理→颗粒"命令，在弹出的"颗粒"对话框中设置参数，如左下图所示。按【D】键恢复默认的前景色为黑色、背景色为白色。执行"滤镜→像素化→点状化"命令，在弹出的"点状化"对话框中设置"单元格大小"为150。

02 添加"中间值"滤镜效果并调整图像的色调。执行"滤镜→杂色→中间值"命令，在弹出的"中间值"对话框中设置半径为75。按【Ctrl+L】快捷键，在弹出的"色阶"对话框中设置参数，如右图所示。

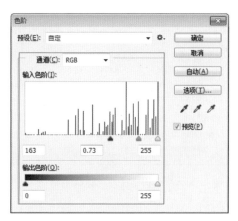

实战 **03** **电路板背景图案**

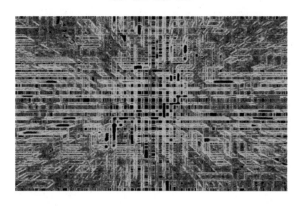

本例难易度 ★★☆☆☆	**制作关键**
	本实例主要通过添加滤镜命令创造电路板的材质视觉效果，然后适当模糊图像，最后添加色彩，完成制作。
	技能与知识要点
	• 滤镜命令　　　　　• "色相/饱和度"命令　　　　　• 模糊命令

主要步骤

01 新建文档和图层。新建一个宽度为1920像素、高度为1200像素、分辨率为72像素/英寸的文档，如左下图所示。新建图层，命名为"云彩"，如右下图所示。

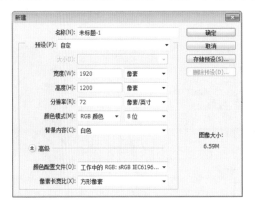 

02 添加"云彩"滤镜效果。执行"滤镜→渲染→云彩"命令，效果如左下图所示。

03 添加"马塞克"滤镜效果。执行"滤镜→像素化→马塞克"命令，设置"单元格大小"为50方形，如右下图所示。

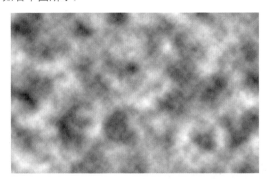 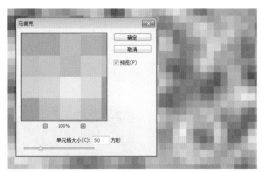

04 添加"径向模糊"滤镜效果。执行"滤镜→模糊→径向模糊"命令，设置"数量"为15，"模糊方法"为"缩放"，"品质"为"最好"，如左下图所示。效果如右下图所示。

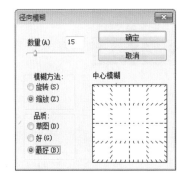 

05 添加"浮雕"滤镜效果。执行"滤镜→风格化→浮雕效果"命令，设置"角度"为140度，"高度"为20像素，"数量"为240%，如左下图所示。浮雕效果如右下图所示。

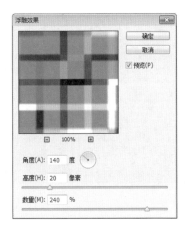

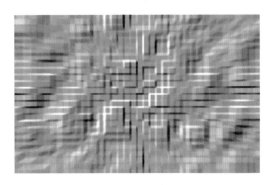

06 添加"强化边缘"滤镜效果。执行"滤镜→滤镜库→画笔描边→强化边缘"命令，设置"边缘宽度"为2，"边缘亮度"为40，"平滑度"为5，如左下图所示。

07 创建边缘效果。执行"滤镜→风格化→查找边缘"命令，效果如右下图所示。

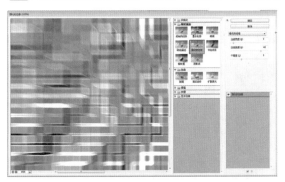

08 调亮边缘。执行"滤镜→滤镜库→风格化→照亮边缘"命令，设置"边缘宽度"为2，"边缘亮度"为14，"平滑度"为4，如左下图所示。

09 调整颜色。执行"图像→调整→色相/饱和度"命令，勾选"着色"选项，设置"色相"为180，"饱和度"为100，"明度"为-44，如右下图所示。

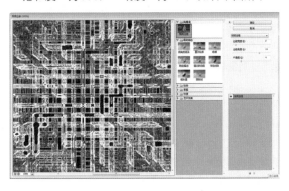

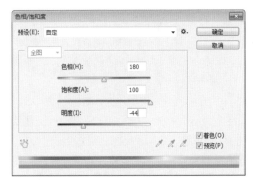

10 模糊图像。执行"滤镜→模糊→表面模糊"命令，设置"半径"为7像素，"阈值"为20色阶，如左下图所示。模糊后效果如右下图所示。

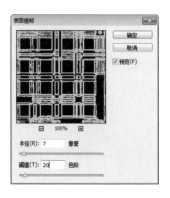 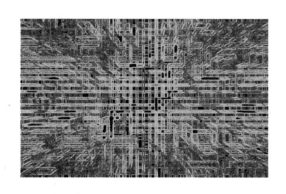

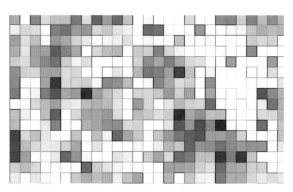

实战 04 五彩马赛克背景

实战效果

操作提示

	制作关键
本例难易度 ★★★☆☆☆	本实例主要通过使用"云彩"、"马赛克"滤镜制作格子效果，然后复制图层并添加"查找边缘"滤镜，最后设置图层混合模式为"叠加"，完成制作。

技能与知识要点	
• "马赛克"命令	• "查找边缘"命令

主要步骤

01 新建文档并添加"云彩"滤镜效果。新建一个宽度为800像素、高度为500像素、分辨率为300像素/英寸的文档；执行"滤镜→渲染→云彩"命令，按【Ctrl+F】快捷键重复此命令。

02 添加"点状化"、"马赛克"滤镜效果。执行"滤镜→像素化→点状化"命令，在弹出的"点状化"对话框中设置参数，如左下图所示。设置完成后，按【Ctrl+I】快捷键反选图像使图像颜色更加鲜明，执行"滤镜→像素化→马赛克"命令，在弹出的"马赛克"对话框中设置参数，如右下图所示。

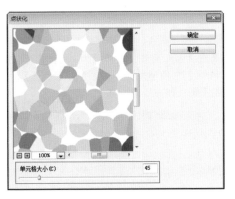 

03 添加"查找边缘"滤镜效果并设置图层混合模式。选择"背景"图层，按【Ctrl+J】快捷键复制得到"图层1"，并执行"滤镜→风格化→查找边缘"命令；设置"图层1"的图层混合模式为"叠加"，完成制作。

实战 05 斑驳的点光背景

实战效果

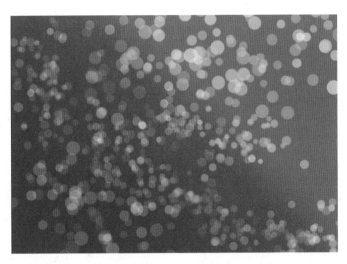

操作提示

本例难易度 ★★★☆☆	制作关键
	本实例主要通过先定义好笔刷，然后设置适当的参数，最后使用画笔在渐变图层上绘制圆点，完成制作。
	技能与知识要点
	• 定义画笔预设"命令　　　　　　　　　　• "渐变叠加"命令

主要步骤

01 新建文档并绘制圆形。新建一个宽度为700像素、高度为500像素、分辨率为300像素/英寸的文档；设置前景色（R：71、G：69、B：69），按【Alt+Delete】快捷键填充前景颜色，选择工具箱中的"椭圆选框工具" ○ ，按住【Shift】键单击并拖动鼠标绘制正圆，如左下图所示。

02 新建图像并绘制圆形。创建一个新图层为"图层1"，并隐藏"背景"图层，为选区填充黑色，并设置图层的"填充"为50%，双击"图层1"，在弹出的"图层样式"对话框中，选择"描边"选项，参数设置如右下图所示。

03 设置画笔参数。执行"编辑→定义画笔预设"命令，在弹出的"画笔名称"对话框中单击"确定"按钮；选择工具箱中的"画笔工具" ✎ ，按【F5】键弹出"画笔"面板，选择上步所存储的画笔样式，设置参数如左下图所示。选择"形状动态"选项，设置参数如右下图所示。

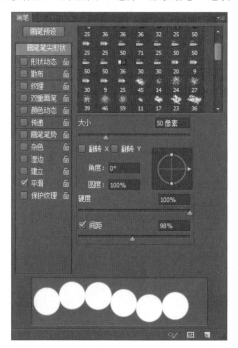
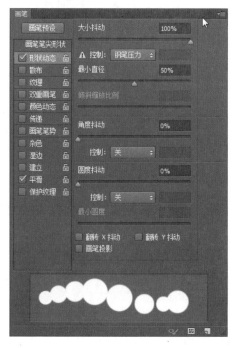

04 继续设置画笔参数。选择"散布"选项，设置参数如左下图所示。选择"传递"选项，设置参数如右下图所示。

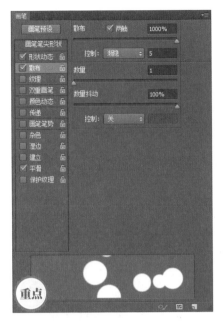

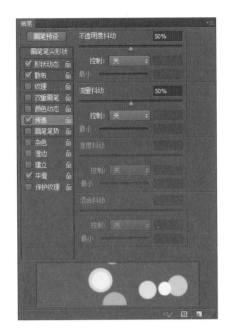

05 新建图层。设置完成后，创建一个新图层为"图层2"，设置前景色（R：138、G：32、B：142），按【Alt+Delete】快捷键填充颜色。

06 添加渐变叠加效果。双击"图层2"，在弹出的"图层样式"对话框中，选择"渐变叠加"选项，设置渐变颜色从左至右为（R：10、G：0、B：178）、（R：255、G：0、B：0）、（R：255、G：252、B：0），相关参数如左下图所示。

07 涂抹圆点。设置完成后，使用"画笔工具" ，设置画笔大小为20像素，绘制圆点，最终效果如右下图所示。

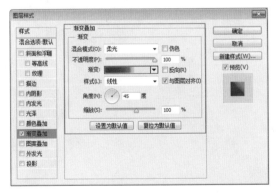

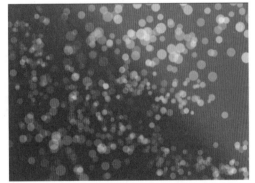

本 章 小 结

　　本章主要介绍在制作背景时常常使用滤镜完成一些特殊的效果，在使用滤镜时需仔细选择，以免因为变化幅度过大而失去每个滤镜的风格。处理过度的图像只能作为样品或范例，但它们不是最好的艺术品。使用滤镜还应根据艺术创作的需要，有选择地进行，这样所制作出的作品才具有逼真效果。

质感特效设计

第 4 章

本章导读

在运用Photoshop CC制作3D或动漫效果时，常常需要使用纹理质感进行贴图以达到逼真的效果，本章主要介绍一些常见的质感特效，如木质、岩石、皮革、珍珠等。在质感特效的制作中，选择正确的滤镜是非常重要的。本章将介绍这些质感的操作方法，希望读者能快速掌握技巧使制作出的质感表现得更加具有艺术感。

同步训练——跟着大师做实例

Photoshop在制作质感特效方面并不复杂，通过采用一些奇妙的操作技法与滤镜中的命令，可制作出具有真实质感以及纹理的特殊效果。下面给读者介绍一些经典的质感特效实例，希望读者能跟着我们的讲解，一步一步地做出与书同步的效果。

为了方便学习，本节相关实例的素材文件、结果文件，以及同步教学文件可以在配套的光盘中查找，具体内容路径如下。

原始素材文件：光盘\素材文件\第4章\同步训练
最终结果文件：光盘\结果文件\第4章\同步训练
同步教学文件：光盘\多媒体教学文件\第4章\同步训练

案例 01 木质纹理特效

制作分析

制作关键
本实例主要通过使用"纤维"制作出木材的底纹，然后将色差明显的区域载入选区，最后对选区内的部分进行添加立体与投影的效果，完成制作。
技能与知识要点

本例难易度 ★★☆☆☆

• "纤维"命令	• "色彩范围"命令	• "图层样式"的使用

具体步骤

01 新建文档。执行"文件→新建"命令，打开"新建"对话框（新建快捷键：【Ctrl+N】），新建一个宽度为700像素、高度为500像素、分辨率为300像素/英寸的文档，如左下图所示。

02 添加纤维效果。设置前景色值（R：80、G：60、B：22），背景色值（R：132、G：83、B：25）；执行"滤镜→渲染→纤维"命令，在打开的"纤维"对话框中设置相关参数，如右下图所示。

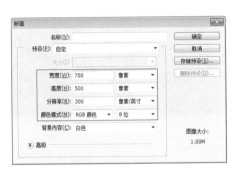
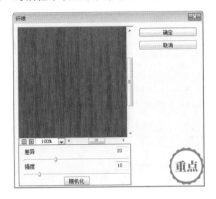

03 设置色彩范围颜色容差。设置完成后，单击"按钮"后，如左下图所示。执行"选择→色彩范围"命令，打开"色彩范围"对话框，将鼠标指针移动到图像预览区，当鼠标变成🖉时单击图像中的浅色背景，如右下图所示。

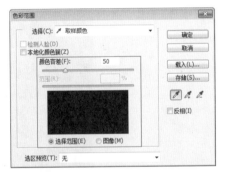

04 复制图层。单击"确定"按钮，容差范围内的部分变为选区，执行"图层→新建→通过拷贝的图层"命令，复制得到新图层为"图层1"，如左下图所示。

05 添加立体效果。双击"图层1"，在弹出的"图层样式"对话框中，选择"斜面和浮雕"选项，设置相关参数如右下图所示。

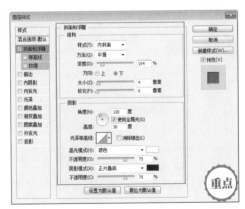

06 添加阴影效果。选择"投影"选项，设置相关参数如左下图所示。设置完成后，单击"确定"按钮，最终效果如右下图所示。

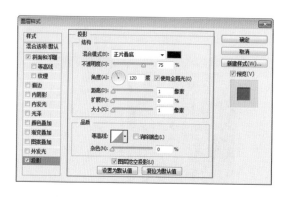 

案例 02 铺路石头效果

案例效果

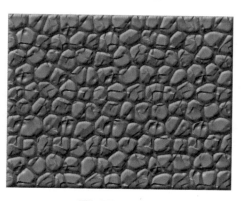

制作分析

本例难易度	★★★☆☆	制作关键
		本实例主要通过新建一个Alpha 1通道，然后添加"染色玻璃"、"木刻"滤镜制作出石头的纹理效果，最后为载入的选区添加"斜面和浮雕"、"纹理"等图层样式，制作出立体与阴影的效果，完成制作。

技能与知识要点

- Alpha 1通道的使用
- "染色玻璃"命令
- "木刻"命令
- "图层样式"的使用

具体步骤

01 新建文档。按【Ctrl+N】快捷键新建一个宽度为400像素、高度为300像素、分辨率为300像素/英寸的文档，如左下图所示。

02 新建Alpha 1通道。设置前景色为白色，在"通道"面板中单击"创建新通道"按钮，新建Alpha 1通道，如右下图所示。

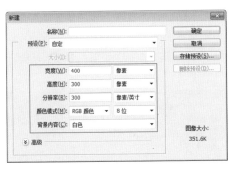

03 添加"染色玻璃"效果。执行"滤镜→纹理→染色玻璃"命令，在弹出的"染色玻璃"对话框中，设置相关参数如左下图所示。设置完成后，效果如右下图所示。

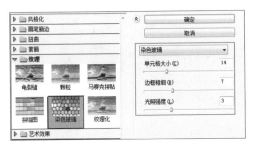
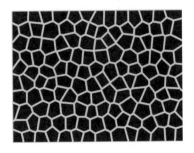

04 添加"木刻"效果。执行"滤镜→艺术效果→木刻"命令，在弹出的"木刻"对话框中，设置相关参数如左下图所示。设置完成后，效果如右下图所示。

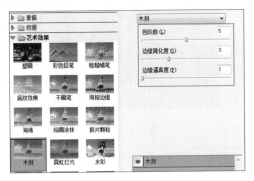
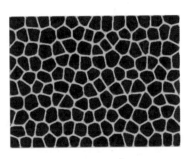

05 载入选区。执行"选择→载入选区"命令，在弹出的"载入选区"对话框中，在"通道"中选择 Alpha 1，如左下图所示。

06 填充颜色。设置完成后，单击"确定"按钮，在"图层"面板中创建一个新图层，并为选区填充颜色（R：120、G：119、B：117），如右下图所示。

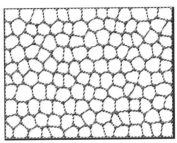

07 添反选图像。执行"选择→反向"命令，（反向快捷键：【Ctrl+Shift+I】），将选区反选，并新建"图层1"，为选区填充颜色（R：124、G：127、B：83），效果如左下图所示。

08 添加立体效果。双击"图层1"，在弹出的"图层样式"对话框中选择"斜面和浮雕"选项，设置相关参数，如右下图所示。

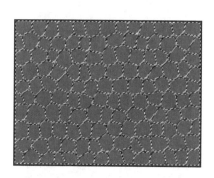
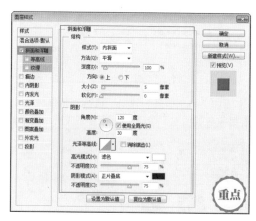

09 添加纹理效果。选择"纹理"选项，设置相关参数，如左下图所示。设置完成后，单击"确定"按钮，效果如右下图所示。

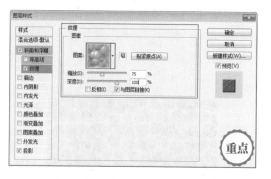
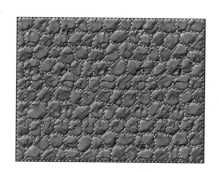

10 添加石头立体效果。双击"图层2"，在弹出的"图层样式"对话框中选择"斜面和浮雕"选项，设置相关参数，如左下图所示。

11 添加石头纹理效果。选择"纹理"选项，设置相关参数，如右下图所示。

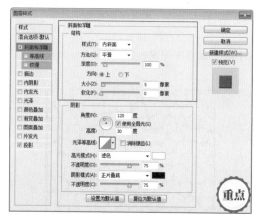
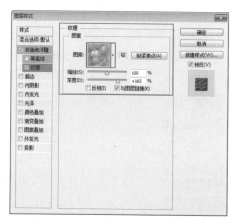

12 添加石头阴影效果。选择"投影"选项，设置相关参数，如左下图所示。设置完成后，单击"确定"按钮，最终效果如右下图所示。

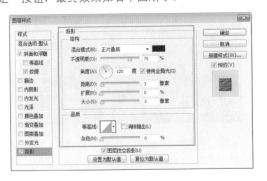 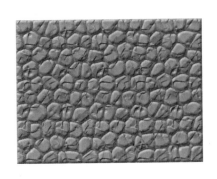

案例 **03** 豹子肌肤纹理效果

案例效果

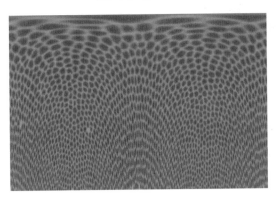

制作分析

	制作关键
★★★ **本例难易度** ★★★ ☆☆	本实例主要通过添加"染色玻璃"滤镜制作出豹纹的颗粒效果，然后对其添加"木刻"与"高斯模糊"滤镜效果，最后填充选区颜色，并添加"极坐标"命令，完成制作。
	技能与知识要点
	• "染色玻璃"命令 • Alpha 1通道的使用 • "极坐标"命令

具体步骤

01 新建文档。按【Ctrl+N】快捷键新建一个宽度为6厘米、高度为4厘米、分辨率为300像素/英寸的文档，如左下图所示。

02 为背景填充前景色。设置前景色颜色值（R：157、G：88、B：26），按【Alt+Delete】快捷键填充颜色，如右下图所示。

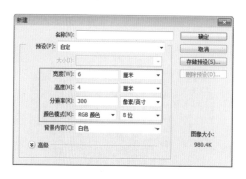

03 新建Alpha 1通道并添加"染色玻璃"效果。在"通道"面板中，单击"创建新通道"按钮，新建Alpha 1通道，如左下图所示。执行"滤镜→纹理→染色玻璃"命令，在弹出的"染色玻璃"对话框中，设置相关参数，如右下图所示。

大师心得

　　　Alpha通道是一种储存选区的通道，它是利用颜色的灰阶亮度来储存选区的，是灰度图像，只能以黑、白、灰来表现图像。在默认情况下，白色为选区部分，黑色为非选区部分，中间的灰度表示具有一定透明效果的选区。

　　　利用Alpha通道可方便、快捷地储存选区和载入选区，可为图像创建多个通道，以方便各种选区的储存和载入。可利用对Alpha通道添加不同灰阶值的颜色来修改调整选区。

04 填充反选区域。设置完成后，单击"确定"按钮，效果如左下图所示。按【Ctrl】键，单击Alpha 1通道缩览图，调出通道选区；再新建Alpha 2通道，按【Ctrl+Shift+I】快捷键将选区反选，并填充为选区为白色，效果如右下图所示。

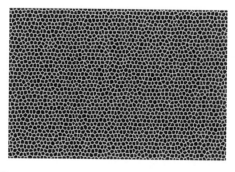
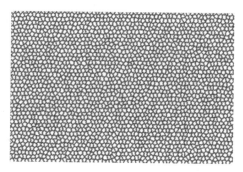

05 添加"木刻"滤镜效果。按【Ctrl+D】快捷键取消选区，如左下图所示。执行"滤镜→艺术效果→木刻"命令，在弹出的"木刻"对话框中，设置相关参数如右下图所示。

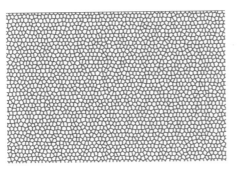

06 添加"高斯模糊"滤镜效果。设置完成后，效果如左下图所示。执行"滤镜→模糊→高斯模糊"命令，在弹出的"高斯模糊"对话框中，设置相关参数如右下图所示。

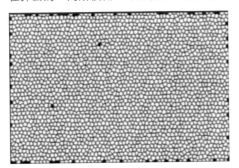

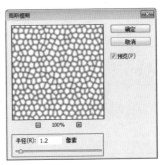

07 添加"扩散"滤镜效果。设置完成后，单击"确定"按钮，在"通道"面板中，拖动"Alpha 2"至"新建通道"按钮上，得到"Alpha 2副本"，如左下图所示。执行"滤镜→风格化→扩散"命令，在弹出的"扩散"对话框中，设置相关参数如右下图所示。

知识扩展　扩散

　　使用"扩散"滤镜可以使图像中添加透明的背景色颗粒，在图像的亮区向外进行扩散添加，产生类似于光照射物体后的发光效果。

08 填充选区颜色。设置完成后，单击"确定"按钮。按住【Ctrl】键，单击"Alpha 2副本"通道缩览图，调出该通道选区，在"图层"面板中，新建"图层1"，按【Ctrl+Shift+I】快捷键将选区反选并填充选区颜色（R：181、G：144、B：88），如左下图所示。按【Ctrl+D】快捷键去掉选区，效果如右下图所示。

09 添加"极坐标"滤镜效果。按【Ctrl+Shift+Alt+E】快捷键，得到盖印"图层2"，执行"滤镜→扭曲→极坐标"命令，在弹出的"极坐标"对话框中，设置相关参数如下左图所示。设置完成后，单击"确定"按钮，最终效果如右下图所示。

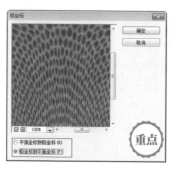 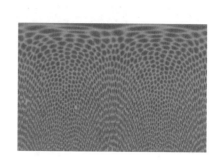

案例 **04** 粗糙岩石纹理材质

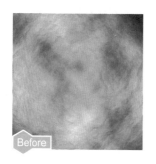 

制作关键		
本例难易度 ★★★☆☆	本实例主要通过添加"云彩"滤镜效果，然后创建新的通道Alpha 1，通过光照效果制作出岩石的质感，接着添加"杂色"增加颗粒感，最后为岩石添加颜色，完成制作。	
	技能与知识要点	
	• 创建新通道Alpha 1	• "杂色"命令
	• "光照效果"命令	• "色相/饱和度"命令

具体步骤

01 新建文档。按【Ctrl+N】快捷键新建一个宽度为500像素、高度为500像素、分辨率为72像素/英寸的文档，如左下图所示。

02 添加"云彩"滤镜效果。设置前景色为黑色、背景色为白色，执行"滤镜→渲染→云彩"命令，如右下图所示。

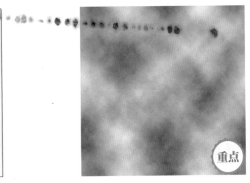

03 重复滤镜效果。按【Ctrl+F】快捷键多次，重复"云彩"滤镜命令，效果如左下图所示。

04 新建图层。在"通道"面板中，新建"Alpha 1"通道，执行"滤镜→渲染→分层云彩"命令，效果如右下图所示。

05 重复滤镜效果。按【Ctrl+F】快捷键多次，重复"分层云彩"滤镜命令，效果如左下图所示。

06 添加光照效果。执行"滤镜→渲染→光照效果"命令，设置"纹理"为Alpha 1，如右下图所示。

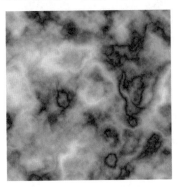

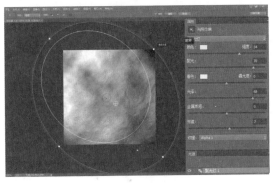

07 重复光照效果。再次执行"滤镜→渲染→光照效果"命令，设置"纹理"为Alpha 1，其他参数如左下所示。效果如下图所示。

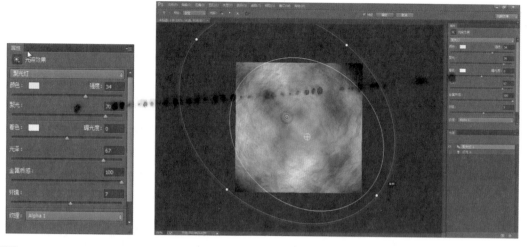

08 添加杂色。执行"滤镜→杂色→添加杂色"命令，在"添加杂色"对话框中，设置"数量"为2%，"分布"为"高斯分布"，如左下图所示。设置完成后，效果如右下图所示。

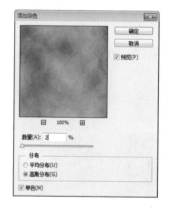
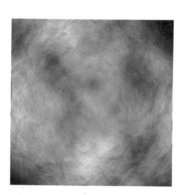

09 添加色相。执行"图像→调整→色相/饱和度"命令，在弹出的"色相/饱和度"对话框中，设置"色相"为43，"饱和度"为54，"明度"为-1，如左下图所示，色彩效果如右下图所示。

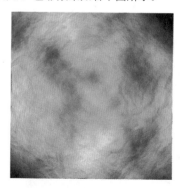

10 重复光照效果。再次执行"滤镜→渲染→光照效果"命令，设置"纹理"为Alpha 1，效果如下图所示。

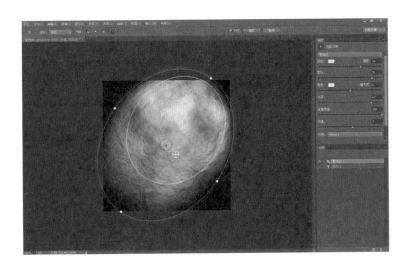

案例 05 平滑的大理石效果

本例难易度 ★★☆☆☆	制作关键
	本实例主要通过添加"分层云彩"制作出大理石的纹理，然后调整图像的亮度，最后添加"光照效果"，完成制作。
	技能与知识要点
	• "分层云彩"命令　　　　　　　　　　• "光照效果"命令

01 新建文档并添加"分层云彩"效果。新建一个宽度为700像素、高度为500像素、分辨率为150像素/英寸的文档按【D】键设置前景色为黑色、背景色为白色；执行"滤镜→渲染→分层云彩"命令，按【Ctrl+F】快捷键重复命令，效果如左下图所示。

02 调整色调。按【Ctrl+L】快捷键，在弹出的"色阶"对话框中设置参数，如右下图所示。

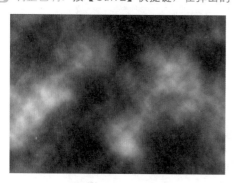 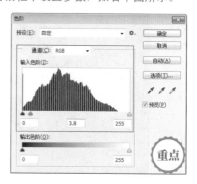

03 添加"光照效果"效果。按【Ctrl+J】快捷键复制"背景"图层，得到"图层1"，执行"滤镜→渲染→光照效果"命令，在弹出的"光照效果"面板中设置参数，如左下图所示。

04 调整色调。设置完成后，按【Ctrl+B】快捷键打开"色彩平衡"对话框，设置参数如右下图所示。

 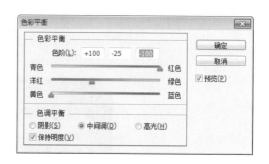

案例 06 半透明打孔纸板效果

案例效果

制作分析

本例难易度	制作关键
★ ★ ★ ★ ☆	本实例主要通过"钢笔工具"绘制纸板的轮廓，然后添加图层样式制作立体效果，最后调整颜色，完成制作。

技能与知识要点

- 钢笔工具　　　　　　　　　· 图层样式　　　　　　　　　· "色相/饱和度"命令

具体步骤

01 新建文档。按【Ctrl+N】快捷键，新建一个宽度为1280像素、高度为1024像素、分辨率为72像素/英寸的文档，单击"确定"按钮，如左下图所示。

02 新建图层。按【Ctrl+N】快捷键新建图层，命名为"底色"，填充任意颜色，如右下图所示。

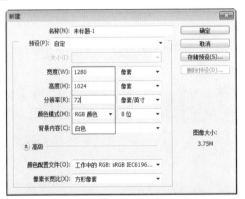

03 绘制路径。选择工具箱中的"钢笔工具" ⬚，在选项栏中选择"路径"选项，在图像中绘制路径，如左下图所示。

04 转换选区。按【Ctrl+N】快捷键新建图层，命名为"纸板1"。按【Ctrl+Enter】快捷键将路径转换为选区，填充任意颜色，效果如右下图所示。

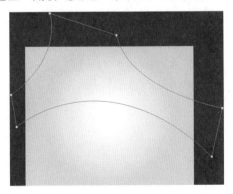

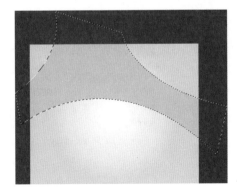

05 添加投影图层样式。双击"纸板1"图层，在打开的"图层样式"对话框中，勾选"投影"选项，设置"不透明度"为25%，"角度"为120度，"距离"为27像素，"扩展"为0%，"大小"为5像素，勾选"使用全局光"选项，如左下图所示。投影效果如右下图所示。

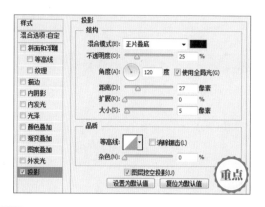
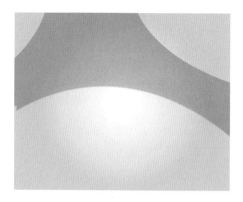

06 添加斜面和浮雕图层样式。在"图层样式"对话框中，勾选"斜面和浮雕"选项，设置"样式"为"内斜面"，"方法"为"平滑"，"深度"为100%，"方向"为上，"大小"为0像素，"软化"为0像素，"角度"为120度，"亮度"为30度，"高光模式"为"滤色"，"不透明度"为75%，"阴影模式"为"正片叠底"，"不透明度"为75%，如左下图所示。效果如右下图所示。

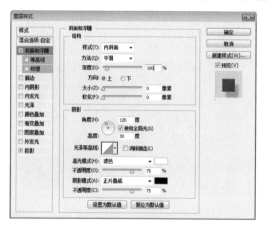
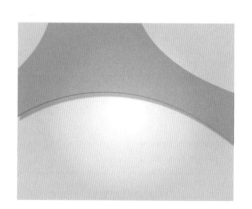

07 添加渐变叠加图层样式。在"图层样式"对话框中，勾选"渐变叠加"选项，"样式"为对称的，"角度"为-43度，"缩放"为100%，单击渐变色条，如左下图所示。在"渐变编辑器"对话框中，设置渐变色标为兰紫（R96、G81、B248）、洋红（R236、G0、B238），效果如右下图所示。

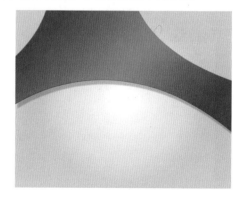

08 创建椭圆选区并删除图像。选择工具箱中的"椭圆选框工具"，按住【Alt+Shift】快捷键拖动鼠标创建正圆选区，按【Delete】键删除选区，如左下图所示。继续创建选区，并删除图像，效果如右下图所示。

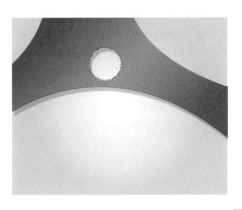 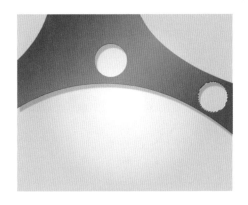

09 绘制路径。选择工具箱中的"钢笔工具" ，在选项栏中选择"路径"选项，在图像中绘制路径，如左下图所示。

10 转换选区。按【Ctrl+N】快捷键新建图层，命名为"纸板2"。按【Ctrl+Enter】快捷键，将路径转换为选区，填充任意颜色，效果如右下图所示。

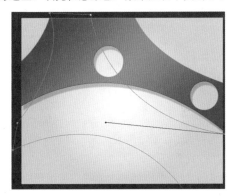 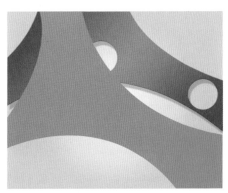

11 复制粘贴图层样式。右击"纸板1"图层，在打开的快捷菜单中选择"复制图层样式"命令；右击"纸板2"图层，在打开的快捷菜单中选择"粘贴图层样式"命令，效果如左下图所示。

12 更改渐变叠加图层样式。双击"纸板2"图层，在打开的"图层样式"对话框中，修改"样式"为"线性"，"缩放"为46%，单击渐变色条，如右下图所示。

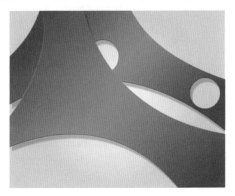 

13 设置渐变色。在"渐变编辑器"对话框中，设置渐变色标为浅橙（R：254、G：189、B：11）、橙（R：222、G：115、B：33），如左下图所示。效果如右下图所示。

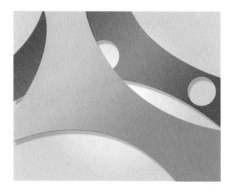

14 创建椭圆选区并删除图像。选择工具箱中的"椭圆选框工具" ，按住【Alt+Shift】快捷键拖动鼠标创建正圆选区，按【Delete】键删除选区。继续创建选区，并删除图像，效果如左下图所示。

15 更改不透明度。更改"纸板2"图层"不透明度"为60%，效果如右下图所示。

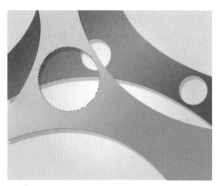

16 绘制路径。选择工具箱中的"钢笔工具" ，在选项栏中选择"路径"选项，在图像中绘制路径，如左下图所示。

17 转换选区。按【Ctrl+N】快捷键新建图层，命名为"纸板3"。按【Ctrl+Enter】快捷键将路径转换为选区，填充任意颜色，效果如右下图所示。

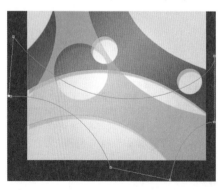

18 复制粘贴图层样式。右击"纸板2"图层，在快捷菜单中选择"复制图层样式"命令，右击"纸板3"图层，在打开的快捷菜单中选择"粘贴图层样式"命令，效果如下左下图所示。

19 更改渐变叠加图层样式。双击"纸板3"图层，在打开的"图层样式"对话框中单击可编辑渐变色，如右下图所示。

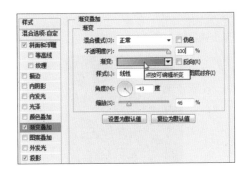

20 设置渐变色。在打开的"渐变编辑器"对话框中，设置渐变色标为黄绿（R：199、G：200、B：44）、绿（R：49、G：59、B：125），如左下图所示。效果如右下图所示。

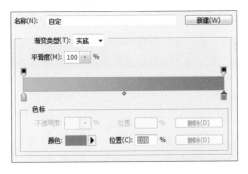

21 创建椭圆选区并删除图像。选择工具箱中的"椭圆选框工具" ○，按住【Alt+Shift】快捷键拖动鼠标创建正圆选区，按【Delete】键删除选区，如左下图所示。继续创建选区，并删除图像，效果如右下图所示。

22 降低不透明度。更改"纸板3"图层的"不透明度"为80%，效果如左下图所示。单击选择"底图"图层，如右下图所示。

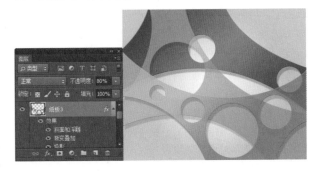

23 创建调整图层。创建"色相/饱和度"调整图层，设置"色相"为13，"饱和度"为+100，如左下图所示。通过前面的操作，调整底色，最终效果如右下图所示。

案例 **07** 传统的格子棉布效果

案例效果

制作分析

本例难易度 ★★★☆☆	制作关键
	本实例主要通过添加"拼贴"、"碎片"制作出格子效果，然后添加"最小值"滤镜，增加条纹的宽度，最后添加"纹理化"滤镜效果，完成制作。
	技能与知识要点
	• "拼贴"命令 • "碎片"命令 • "最小值"命令

具体步骤

01 新建文档。按【Ctrl+N】快捷键，新建一个宽度为15厘米、高度为12厘米、分辨率为200像素/英寸的文档，如左下图所示。

02 添加"拼贴"滤镜效果。在"图层"面板中，创建一个新图层为"图层1"，并设置前景色颜色（R：230、G：240、B：250）和背景色（R：75、G：144、B：198），按【Alt+Delete】快捷键填充颜色；执行"滤镜→风格化→拼贴"命令，在弹出的"拼贴"对话框中设置参数，如右下图所示。

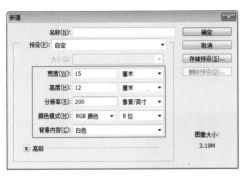

03 添加"碎片"滤镜效果。设置完成后，单击"确定"按钮，效果如左下图所示。执行"滤镜→像素化→碎片"命令，效果如右下图所示。

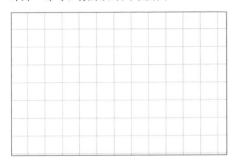

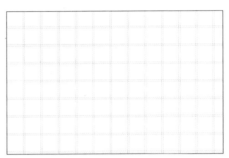

04 添加"最小值"滤镜效果。执行"滤镜→其他→最小值"命令，打开"最小值"对话框，设置"半径"为18像素，如左下图所示。单击"确定"按钮，效果如右下图所示。

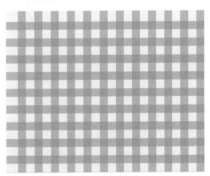

05 添加"纹理化"滤镜效果。执行"滤镜→纹理→纹理化"命令，打开"纹理化"对话框，设置"纹理"为"画布"、"缩放"为100%、"凸现"为4、"光照"为"左上"，如左下图所示。设置完成后，单击"确定"按钮，最终效果如右下图所示。

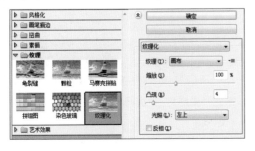

案例 **08** 粗糙的皮革效果

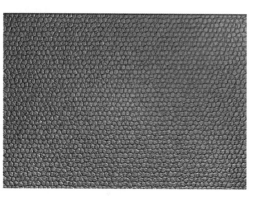

	制作关键
本例难易度 ★★☆☆☆	本实例主要通过添加染色玻璃滤镜，然后添加杂色并填充颜色，最后添加光照效果以增加皮革的亮度，完成制作。
	技能与知识要点
	• "染色玻璃"命令　　　　• "添加杂色"命令　　　　• "光照效果"命令

具体步骤

01 新建文档。按【Ctrl+N】快捷键，新建一个宽度为10厘米、高度为7厘米、分辨率为300像素/英寸的文档，如左下图所示。

02 添加"染色玻璃"滤镜。按【D】键恢复前景色为黑色、背景色为白色，执行"滤镜→纹理→染色玻璃"命令，相关参数设置如右下图所示。

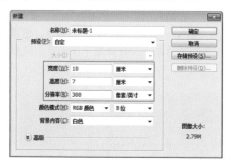

03 复制图层。按【Ctrl+J】快捷键复制"背景"图层，得到"图层1"；执行"图像→图像旋转→水平翻转画布"命令，并设置不透明度为"50%"，效果如左下图所示。

04 添加"杂色"滤镜。执行"滤镜→杂色→添加杂色"命令，并设置相关参数如右下图所示。

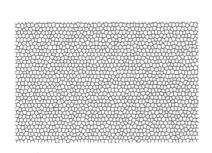

05 新建Alpha。按【Ctrl+A】快捷键全选图像并按【Ctrl+C】快捷键复制，单击通道面板底部的"创建新通道"按钮，得到"Alpha 1"，如左下图所示。

06 设置填充。单击"RGB"图层，执行"编辑→填充"命令，在弹出的对话框中选择"颜色"选项，如右下图所示。

07 设置颜色并添加"光照效果"滤镜。在弹出的"拾色器（填充颜色）"对话框中，设置参数如左下图所示。设置完成后，执行"滤镜→渲染→光照效果"命令，在弹出的"光照效果"面板中设置相关参数，如右下图所示。

08 再次添加"光照效果"滤镜。执行"滤镜→渲染→光照效果"命令，在弹出的"光照效果"对话框中设置相关参数如左下图所示。设置完成后，完成效果如右下图所示。

案例 09 科技幻影效果

案例效果

制作分析

	制作关键
本例难易度 ★★★☆☆	本实例主要通过添加"云彩"、"强化的边缘"滤镜效果制作出层次的效果，然后添加"径向模糊"、"旋转扭曲"滤镜效果，最后将复制的图层进行混合并调整色调，完成制作。
	技能与知识要点
	• "云彩"命令　　　　　　　• "旋转扭曲"命令　　　　　　• "色相/饱和度"命令
	• "径向模糊"命令　　　　　• "查找颜色"命令

具体步骤

01 新建文档。按【Ctrl+N】快捷键，新建一个宽度为500像素、高度为500像素、分辨率为72像素/英寸的文档，如左下图所示。

02 添加"云彩"滤镜效果。设置前景色为黑色，背景色为白色。执行"滤镜→渲染→云彩"命令，如右下图所示。

03 添加"铜版雕刻"滤镜效果。执行"滤镜→像素化→铜板雕刻"命令，弹出"铜版雕刻"对话框，设置相关参数，如左下图所示。设置完成后，单击"确定"按钮，效果如右下图所示。

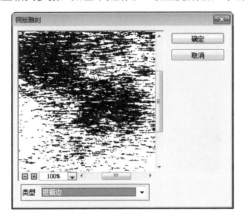 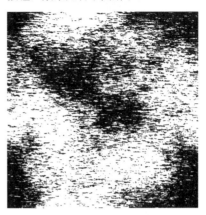

04 添加"径向模糊"滤镜效果。执行"滤镜→模糊→径向模糊"命令，弹出"径向模糊"对话框，设置相关参数，如左下图所示，按【Ctrl+F】快捷键重复滤镜，效果如右下图所示。

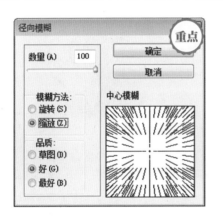 

05 添加"旋转扭曲"滤镜效果。执行"滤镜→扭曲→旋转扭曲"命令，弹出"旋转扭曲"对话框，设置相关参数，如左下图所示。设置完成后，单击"确定"按钮，效果如右下图所示。

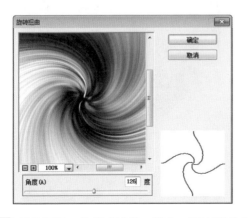 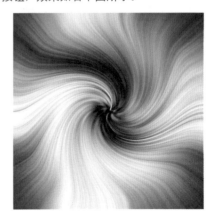

06 锐化图像。执行"滤镜→锐化→USM锐化"命令，弹出"USM锐化"对话框，设置"数量"为500%，"半径"为1像素，"阈值"为1色阶，如左下图所示。锐化效果如右下图所示。

07 调整图像色调。按【Shift+B】快捷键打开"色彩平衡"对话框，选择"中间调"单选按钮，设置色阶值（-70，10，0），如左下图所示。色彩效果如右下图所示。

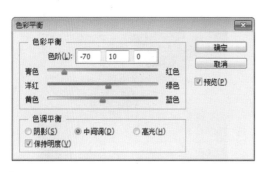 

08 添加"旋转扭曲"滤镜效果。按【Ctrl+J】快捷键复制图层。执行"滤镜→扭曲→旋转扭曲"命令，弹出"旋转扭曲"对话框，设置"角度"为-252度，如左下图所示，设置完成后，单击"确定"按钮，效果如右下图所示。

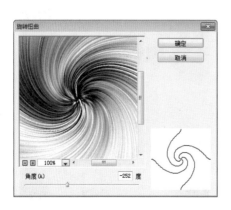 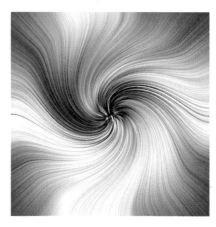

09 调整图像色调。按【Shift+B】快捷键，打开"色彩平衡"对话框，选择"中间调"单选按钮，设置色阶值（44，-54，78），如左下图所示。色彩效果如右下图所示。

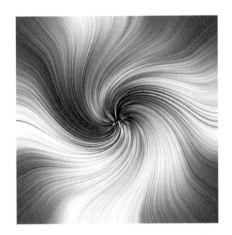

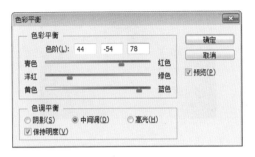

10 混合图层。更改"图层1"图层混合模式为"浅色",如左下图所示,混合效果如右下图所示。

11 统一整体色调。创建"颜色查找"调整图层,设置"3DLUT文件"为"Fuji REALA 500D k…",如左下图所示,颜色调整效果如右下图所示。

12 调整整体饱和度。创建"色相/饱和度"调整图层,在"属性"面板中设置"饱和度"为30,如左下图所示,最终效果如右下图所示。

案例 10 五彩彩色琉璃网效果

案例效果

制作分析

本例难易度 ★★☆☆☆	制作关键
	本实例主要通过使用"球面化"滤镜制作出伸展的效果，然后复制图像并设置图层混合模式，最后调整图像色调，完成制作。
	技能与知识要点
	• "球面化"命令　　　　"染色玻璃"命令　　　• 图层混合模式的使用

具体步骤

01 新建文档。按【Ctrl+N】快捷键，新建一个宽度为700像素、高度为500像素、分辨率为150像素/英寸的文档，如左下图所示。

02 添加"云彩"滤镜效果。设置前景色为黑色、背景色为白色，执行"滤镜→渲染→云彩"命令，按【Ctrl+F】快捷键重复执行一次，效果如右下图所示。

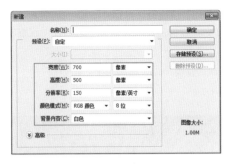

03 添加"染色玻璃"滤镜效果。执行"滤镜→纹理→染色玻璃"命令，在弹出的"染色玻璃"面板中设置参数，如左下图所示。设置完成后，效果如右下图所示。

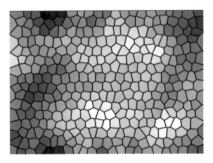

染色玻璃

知识扩展

　　使用"染色玻璃"滤镜可以产生不规则分离的彩色玻璃格子，格子内的颜色由该像素颜色的平均值来确定，在对话框中可以设定单元格大小、边框粗细和光照强度。

04 添加"球面化"滤镜效果。执行"滤镜→扭曲→球面化"命令，在弹出的"球面化"对话框中设置参数，如左下图所示。设置完成后，效果如右下图所示。

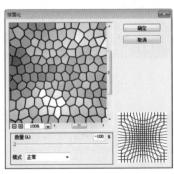
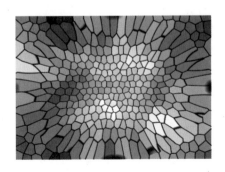

大师心得

　　"球面化"滤镜与"挤压"滤镜正好相反，对话框设置也相似，但"球面化"多了一个模式下拉列表框，其中包括三种挤压方式：正常、水平优先、垂直优先。"球面化"滤镜主要是使图像产生扭曲并伸展、包裹在球体上的效果。

05 添加"球面化"滤镜效果。选择"背景"图层，按【Ctrl+J】快捷键，得到"图层1"，执行"编辑→变换→旋转180度"命令，执行"滤镜→扭曲→球面化"命令，在弹出的"球面化"对话框中设置参数，如左下图所示。

06 设置图层混合模式。设置"图层1"的图层混合模式为"叠加"，效果如右下图所示。

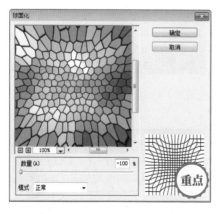 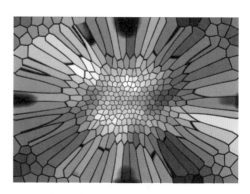

07 添加"球面化"滤镜效果。选择"背景"图层，按【Ctrl+J】快捷键，得到"背景 副本"，并移动至顶层，执行"滤镜→扭曲→球面化"命令，在弹出的"球面化"对话框中设置参数，如左下图所示。

08 设置图层混合模式。按【Ctrl+F】快捷键重复执行一次，并设置"背景 副本"图层混合模式为"叠加"，效果如右下图所示。

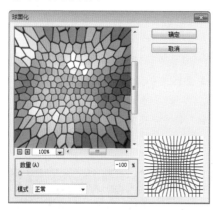 

09 调整颜色。选择"背景"图层，按【Ctrl+U】快捷键打开"色相/饱和度"对话框，设置参数如左下图所示。设置完成后，效果如右下图所示。

10 调整颜色。选择"图层1"图层，按【Ctrl+U】快捷键打开"色相/饱和度"对话框，设置参数如左下图所示。设置完成后，最终效果如右下图所示。

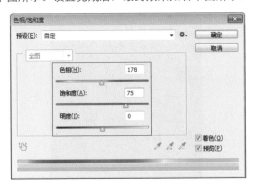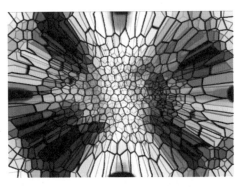

案例 11　滑润的珍珠效果

案例效果

制作分析

	制作关键
本例难易度 ★★★★☆	本实例主要通过绘制珍珠的路径，并设置画笔样式，然后添加"斜面与浮雕"、"等高线"、"渐变叠加"、"投影"等图层样式绘制出珍珠的效果，最后使用"画笔工具"绘制出散落的珍珠，完成制作。

技能与知识要点	
• "钢笔工具"的使用	• "图层样式"的使用

具体步骤

01 打开素材并绘制路径。打开素材文件4-11-01.jpg，创建一个新图层为"图层1"，选择工具箱中的"钢笔工具" ，绘制路径如左下图所示。

02 设置画笔样式。选择工具箱中的"画笔工具" ✐，单击选项栏中的 按钮，打开"画笔"面板，在"画笔笔尖形状"中选择圆形笔尖，相关设置参数如右下图所示。

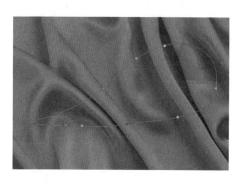 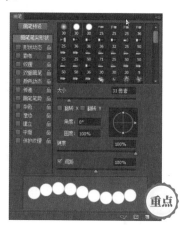

03 描边路径。设置前景色为白色，切换至"路径"面板，单击"用画笔描边路径"按钮 ；然后单击"路径"面板的空白处，将使用路径隐藏，如左下图所示。

04 添加立体效果。双击"图层1"，打开"图层样式"对话框，选择"斜面与浮雕"样式，相关参数设置，如右下图所示。

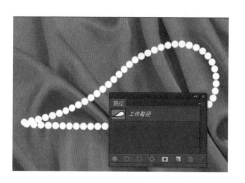 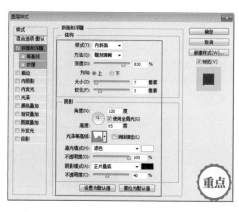

05 调整等高线。选择其选项下的"等高线"样式，调整等高线，如左下图所示。

06 添加渐变效果。选择"渐变叠加"样式，设置金属渐变色，其他参数设置如右下图所示。

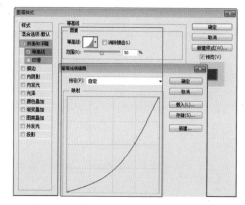 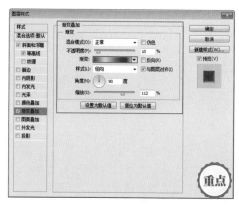

07 调整等高线。选择"内发光"样式，设置相关参数，如左下图所示。选择"光泽"样式，设置颜色值（R：230、G：18、B：17），使珍珠具有粉红色效果，各项参数设置如右下图所示。

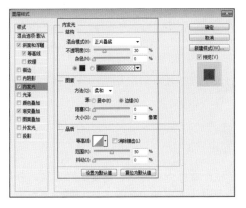 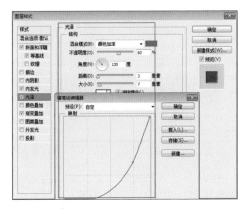

08 添加投影图层样式。在"图层样式"对话框中，勾选"投影"选项，参数设置如左下图所示；最终效果如右下图所示。

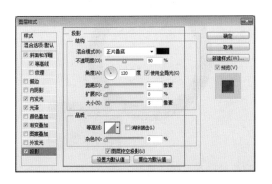 

案例 **12** 质感绿翡翠手镯效果

案例效果

本例难易度	★★★★☆	**制作关键**
		本实例主要通过绘制玉手镯轮廓，然后添加"斜面与浮雕"、"内阴影"、"内发光"等图层样式，最后添加"图案叠加"、"光泽"制作玉石的纹理与光泽效果，完成制作。
		技能与知识要点
		• "椭圆工具"命令　　　　　　　　• "图层样式"的使用

具体步骤

01 新建文件并创建椭圆。按【Ctrl+N】快捷键，新建一个宽度为10厘米、高度为10厘米、分辨率为300像素/英寸的文档，创建新图层为"图层1"；选择形状工具中的"椭圆工具" ⬭，属性为"路径"，由中心开始绘制一个正圆，如左下图所示。选择画笔工具，设置画笔大小为95像素，硬度设置为100%，单击路径面板下方的"用画笔描边路径"按钮，如右下图所示。

02 填充颜色。删除路径，按住【Ctrl】键单击"图层1"缩略图，载入选区；设置前景色（R：17、G：154、B：69），按【Alt+Delete】填充前景色，如左下图所示。

03 添加立体效果。按【Ctrl+D】快捷键取消选区，设置前景色为黑色，按【Alt+Delete】快捷键填充背景为黑色；双击"图层1"，弹出"图层样式"对话框，选择"斜面与浮雕"选项，设置参数，如右下图所示。

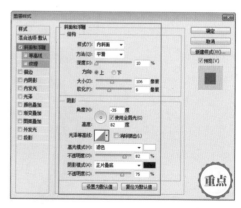

04 添加内阴影光效果。设置完成后，效果如左下图所示。选择"内阴影"选项，设置相关参数，如右下图所示。

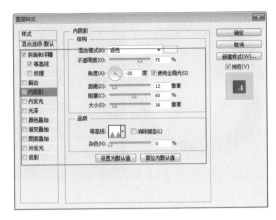

05 添加内发光与图案叠加效果。选择"内发光"选项，设置内发光颜色（R：244、G：245、B：199），其它参数设置如左下图所示。选择"图案叠加"选项，相关参数设置如右下图所示。

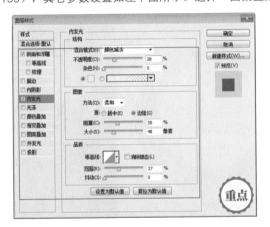
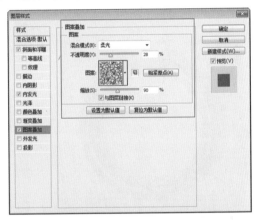

06 添加光泽效果。选择"光泽"选项，相关参数设置如左下图所示。设置完成后，效果如右下图所示。

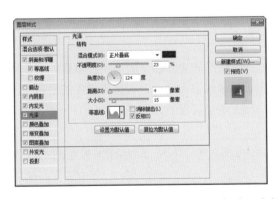

07 填充背景颜色。在"背景"图层上创建一个新图层为"底层"；设置前景色为（R：190、G：202、B：167）、背景色（R：252、G：252、B：251），选择工具箱中的"渐变工具" ，渐变类型为"对称渐变" ，并按住鼠标左键在照片中从上至下拖动，填充渐变颜色，如左下图所示。

08 添加投影效果。双击"图层1"，弹出"图层样式"对话框，选择"阴影"选项，设置相关参数，如右下图所示。

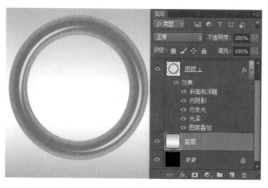 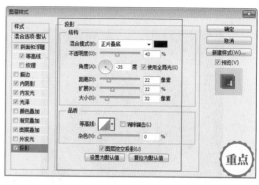

09 显示设置效果。设置完成后，效果如左下图所示。

10 添加"云彩"滤镜。在"图层1"图层上创建一个新图层为"花纹"；设置前景色（R：5、G：82、B：34）、背景色（R：167、G：240、B：195）；执行"滤镜→渲染→云彩"命令，右击"花纹"图层，在弹出的快捷菜单中选择"创建剪贴蒙版"选项，效果如右下图所示。

上机实战——跟踪练习成高手

通过前面内容的学习，相信读者对Photoshop质感特效的功能已有所认识和掌握，为了巩固前面知识与技能的学习，下面安排一些典型实例，让读者自己动手，根据光盘中的素材文件与操作提示，独立完成这些实例的制作，达到举一反三的学习目的。

为了方便学习，本节相关实例的素材文件、结果文件，以及同步教学文件可以在配套的光盘中查找，具体内容路径如下。

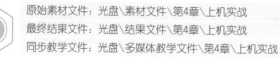

原始素材文件：光盘\素材文件\第4章\上机实战

最终结果文件：光盘\结果文件\第4章\上机实战

同步教学文件：光盘\多媒体教学文件\第4章\上机实战

实战 **01** 斑驳的泥墙效果

实战效果

操作提示

本例难易度 ★★☆☆☆

制作关键
本实例主要通过添加"云彩"滤镜，然后添加"塑料包装"、"阴影线"、"龟裂缝"滤镜效果制作出泥巴的效果，最后调整图像色调，完成制作。
技能与知识要点
• "塑料包装"　　　　• "阴影线"命令　　　　• "龟裂缝"命令

主要步骤

01 新建文档并添加"云彩"滤镜效果。新建一个宽度为800像素、高度为600像素的文档，设置前景色为黑色，背景色为白色，执行"滤镜→渲染→云彩"命令。

02 添加"塑料包装"、"阴影线"滤镜效果。执行"滤镜→艺术效果→塑料包装"命令，弹出"塑料包装"对话框，设置"高光强度"为1、"细节"为15、"平滑度"为9。执行"滤镜→画笔描边→阴影线"命令，弹出"阴影线"对话框，设置"描边长度"为31、"锐化程度"为16、"强度"为1。

03 添加"龟裂缝"滤镜效果并调整色调。执行"滤镜→纹理→龟裂缝"命令，弹出"龟裂缝"面板，选择"龟裂缝"选项，参数设置如左下图所示。按【Ctrl+U】快捷键弹出"色相/饱和度"对话框，参数设置如右下图。

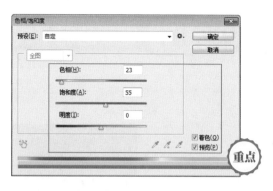

实战 02 透明的水晶砖块效果

实战效果

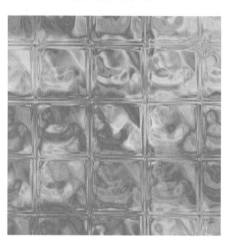

操作提示

制作关键
本实例主要通过添加"分层云彩"滤镜，然后添加"玻璃"滤镜制作出水晶的质感，最后调整图像的色调，完成制作。

本例难易度 ★★☆☆☆

技能与知识要点
• "分层云彩"命令　　　　• "玻璃"命令　　　　　　• "色相/饱和度"命令

主要步骤

01 新建文档并添加"分层云彩"滤镜效果。新建一个宽度为500像素、高度为500像素的文档，设置前景色为黑色，背景色为白色；执行"滤镜→渲染→分层云彩"命令，按【Ctrl+F】快捷键重复5次，使分层云彩效果更加明显，效果如左下图所示。

02 添加"玻璃"滤镜效果。执行"滤镜→扭曲→玻璃"命令，设置参数如右下图所示。

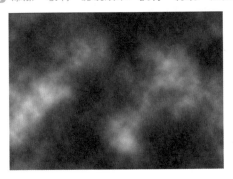 

03 调整图像色调。按【Ctrl+U】快捷键弹出"色相/饱和度"对话框，设置参数如左下图所示。在"通道"面板中按住【Ctrl】键单击"绿"通道，调出选区，按【Ctrl+M】快捷键调整曲线，相关参数如右下图所示，完成制作。

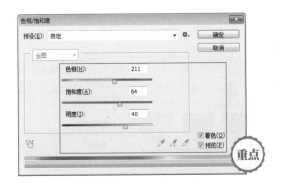 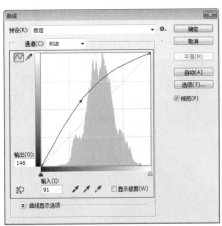

实战 **03** 质感的金属液体效果

实战效果

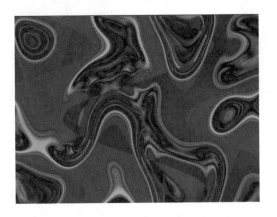

制作关键		
本实例主要通过添加"分层云彩"滤镜，然后添加"干画笔"、"极坐标"滤镜，最后添加"波浪"效果并调整图像色调，完成制作。		
技能与知识要点		
• "干画笔"命令	• "极坐标"命令	• "波浪"命令

本例难易度 ★★☆☆☆

01 新建文档并添加"分层云彩"滤镜效果。新建一个宽度为800像素、高度为600像素的文档；按【D】键设置前景色为黑色、背景色为白色；执行"滤镜→渲染→分层云彩"命令，按【Ctrl+F】快捷键重复命令，效果如左下图所示。

02 添加"干画笔"滤镜效果。执行"滤镜→艺术效果→干画笔"命令，参数设置如右下图所示。

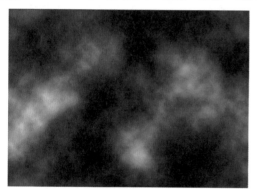
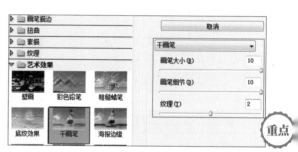

03 添加"极坐标"滤镜效果。执行"滤镜→扭曲→极坐标"命令，参数设置如左下图所示。按【Ctrl+F】快捷键重复执行3~4次命令，效果如右下图所示。

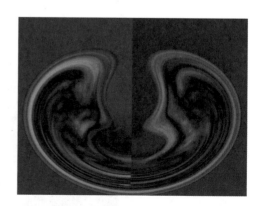

04 添加"极坐标"滤镜效果。执行"滤镜→扭曲→波浪"命令，在弹出的"波浪"对话框中设置参数如左下图所示。设置完成后，按【Ctrl+U】快捷键打开"色相/饱和度"对话框，设置参数如右下图所示。

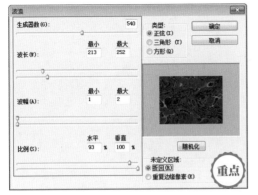

本 章 小 结

　　Photoshop滤镜应用虽然简单，却能经常得到一些很好的效果。这些效果大都比较随意和虚幻，而且可调整性很强，稍微修改一下参数就可以形成另外的效果，特别是在多个滤镜组合使用时。不过，对于一幅完整的作品而言，滤镜只是其中一个部分。在学习质感特效时，设计思路往往比步骤或者参数更重要，读者在学习的开始阶段可能领悟不到，但是通过不断的学习与进步，相信慢慢地就会理解领悟并制作出不同的质感纹理。

图像视觉特效设计

第 5 章

本章导读

　　利用PhotoshopCC强大的图像处理功能，加上设计师独特的创作思路，能够制作出具有强烈视觉冲击力的图像效果。通过本章的讲解，相信读者可以掌握其中的要点并灵活运用，从而制作出令人满意的效果。

同步训练——跟着大师做实例

PhotoshopCC具有化平淡为神奇的"魔力"，能够将一些普普通通的作品进行"艺术加工"处理，创造幽默、奇幻的图像效果。下面给读者介绍一些经典的视觉特效实例，希望读者能跟着我们的讲解，一步一步地做出与书同步的效果。

为了方便学习，本节相关实例的素材文件、结果文件，以及同步教学文件可以在配套的光盘中查找，具体内容路径如下。

原始素材文件：光盘\素材文件\第5章\同步训练
最终结果文件：光盘\结果文件\第5章\同步训练
同步教学文件：光盘\多媒体教学文件\第5章\同步训练

案例 01 颗粒飞溅特效

本例难易度 ★★★☆☆	制作关键
	本实例主要通过设置画笔工具，然后在图像中绘制出颗粒飞溅的效果，使用"仿制图章工具"对人物进行采样，最后使用"画笔工具"在绘制的颗粒图形上进行涂抹，完成制作。
	技能与知识要点
	• "画笔"面板的使用　　　　　• "仿制图章工具"的使用

具体步骤

 01 设置画笔参数。打开素材文件5-1-01.jpg，如左下图所示。复制"背景"图层，得到"背景副本"图层，单击工具箱中的"画笔工具" ✎，在选项栏中单击画笔选项的下三角按钮，弹出画笔形态的面板，选择"硬边方形14像素"，单击选项栏中的"切换至画笔面板"按钮，在"画笔"面板中设置参数，如右下图所示。

02 设置"画笔"面板参数。选择"形状动态"选项，参数设置如左下图所示。选择"散布"选项，相关参数设置如右下图所示。

03 继续设置"画笔"面板参数。选择"纹理"选项，相关参数设置如左下图所示。为了将所设置的当前画笔存储为新的画笔预设，可单击选项栏中的下拉按钮，在弹出的"画笔预设"面板中单击"从此画笔创建新的预设"按钮，弹出"画笔名称"对话框，输入名称，单击"确定"按钮，如右下图所示。

04 绘制颗粒形状。在"图层"面板中，单击"创建新图层"按钮 🔲，得到"图层1"，设置前景色为白色，使用所设置的"画笔工具" 🖌，在图像中绘制形状，效果如左下图所示。

05 进行采样。选择"背景副本"图层，如左下图所示。单击工具箱中的"仿制图章工具" 🖳，在人物图像按【Alt】键单击进行采样，效果如右下图所示。

仿制图章工具

　　仿制图章工具的用法基本上与修复画笔是一样的，效果也相似，但是这两个工具也有不同点：使用修复画笔工具修复时，最后会与周围颜色进行一次运算，使其更好地与周围融合，因此新图的色彩与原图色彩不尽相同，用仿制印章工具复制出来的图像在色彩上与原图是完全一样的。

　　使用仿制图章工具可以从图像中取样，然后将样本应用到其他图像或同一图像的其他部分。因为可以将任何画笔笔尖与仿制图章工具一起使用，所以读者可以对仿制区域的大小进行多种控制。读者还可以使用选项栏中的不透明度和流量设置来微调应用仿制区域的方式。可以从一个图像取样并在另一个图像中应用仿制，前提是这两个图像的颜色模式相同。

06 使用画笔涂抹。采样完成后，在碎片位置上并进行涂抹，效果如左下图所示。设置画笔大小为15像素，进行采样涂抹，最终效果如右下图所示。

案例 02 制作超酷照片背景特效

案例效果

Before

After

制作分析

	制作关键
本 例 难 易 度 ★ ★ ★ ★ ☆	本实例创建超酷照片背景创意特效，首先设置渐变色，然后为背景填充渐变色，通过滤镜命令制作背景的艺术效果，最后添加人物素材，完成效果制作。
	技能与知识要点
	• "渐变工具"的使用　　　• "晶格化"命令　　　• "绘画涂抹"命令

具体步骤

01 新建文件。执行"文件→新建"命令，在打开的"新建"对话框中，设置"宽度"为550像素，"高度"为450像素，"分辨率"为150像素/英寸，如左下图所示。

02 设置渐变色。选择"渐变工具" ，单击"径向渐变"按钮 。单击"渐变编辑器"按钮，打开"渐变编辑器"对话框，设置渐变色标为白、洋红（R254、G0、B174）、黑，如右下图所示。

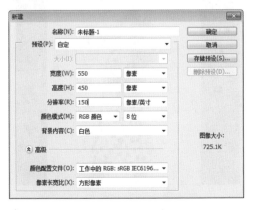

03 创建渐变色。新建"图层1"；在画面中从中间到边缘拖动鼠标创建渐变范围，如左下图所示，创建渐变范围后，得到的渐变效果如右下图所示。

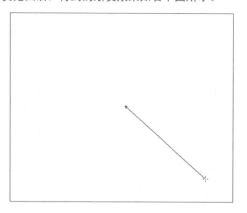 

04 执行"晶格化"命令。执行"滤镜→像素化→晶格化"命令，在弹出的"晶格化"对话框中设置"单元格大小"为50，单击"确定"按钮，如左下图所示；为渐变添加"晶格化"滤镜后，效果如右下图所示。

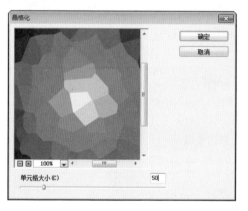 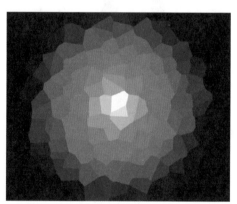

05 执行"绘图涂抹"命令。执行"滤镜→艺术效果→绘图涂抹"命令，设置"画笔大小"为50，"锐化程度"为10，"画笔类型"为"火花"；单击"确定"按钮，如左下图所示。

06 添加素材。打开光盘中的素材文件5-2-01.jpg，复制粘贴到当前文件中，放置到适当位置，如右下图所示。

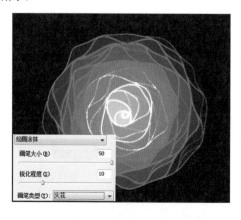 

07 删除多余图像。使用"快速选择工具" ☑ 在人物背景处拖动创建选区，如左下图所示。按【Delete】键删除多余图像，效果如右下图所示。

案例 03 超现实人体特效

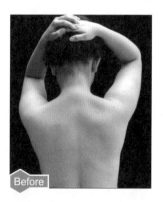 

制作分析

本例难易度 ★★☆☆☆	**制作关键**
	本实例使用素材文件进行组合，创建出拉链中的人体视觉效果，接着使用炫光素材为人物添加华丽的光影彩纹人体效果，最后使用"镜头光晕"命令为整体图像添加舞台光照，完成制作。
	技能与知识要点
	• "镜头光晕"命令　　　　　　　　　　　• "液化"命令

具体步骤

01 添加素材。打开素材文件5-3-01.jpg，如左下图所示。打开素材文件5-3-02.jpg，按【Ctrl+A】快捷键全选图像，按【Ctrl+C】快捷键复制图像，切换到5-3-01.jpg，按【Ctrl+V】快捷键粘贴图像，命名为"拉链"，更改图层混合模式为"强光"，并将其移动到图像中适当的位置，如右下图所示。

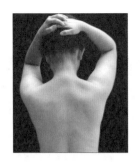

02 去除拉链背景。选择工具箱中的"魔棒工具" ，在选项栏中设置"容差"为10，在拉链白色区域单击鼠标左键，创建选项，如左下图所示；按【Delete】键删除图像，按【Ctrl+D】快捷键取消选区，如右下图所示。

03 创建选区。复制"背景"图层，命名为"背部"，使用"套索工具" 创建选区，如左下图所示；选择工具箱中的"加深工具" ，在选项栏中设置"范围"为亮光，"曝光度"为30%，选择一个软边画笔，画笔大小为700像素，在选区内单击加深图像颜色，如右下图所示，按【Ctrl+D】快捷键取消选区。

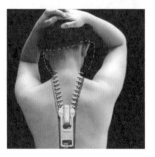

04 添加素材。打开素材文件5-3-03.jpg，选择工具箱中的"魔棒工具" ，在选项栏中设置"容差"为32，在黑色背景处单击鼠标左键，创建选区，如左下图所示；按【Ctrl+Shift+I】快捷键反向选区，按【Ctrl+C】快捷键复制图像，切换到5-3-01.jpg文件中，按【Ctrl+V】快捷键粘贴图像，命名为"彩纹"，更改图层混合模式为"强光"，并移动到图像中适当的位置，如右下图所示。

05 删除多余背景。按住【Ctrl】键的同时，单击"拉链"图层缩览图，载入拉链图层的选区，如左下图所示；保持"彩纹"图层的选中状态，按【Delete】键删除图像，如右下图所示，按【Ctrl+D】快捷键取消选区。

06 将手臂进行瘦身。更改"拉链"图层混合模式为"线性光"，如左下图所示；选择"背部"图层，执行"滤镜→液化"命令，在打开的液化对话框中，单击左上角的"向前变形工具 🖌"，在人物右边的手腕处拖动鼠标进行液化变形，修复人物右边手腕处缺失的图像，完成设置后，单击"确定"按钮，如右下图所示。

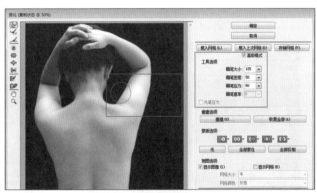

大师心得

对人物身体部分进行液化变形时，拖动鼠标时动作应该轻微，否则容易使人物的肢体发生严重变形，从而影响整体效果。

07 添加"镜头光晕"效果。进行液化变形后，图像效果如左下图所示；执行"执行→渲染→镜头光晕"命令，在打开的对话框中，在预览框中拖动光源到右上方，设置"亮度"为125%，"镜头类型"为电影镜头，完成设置后，单击"确定"按钮，如右下图所示。

08 添加"镜头光晕"效果。添加"镜头类型"滤镜后，图像效果如左下图所示；按【Alt+Ctrl+F】快捷键再次打开"镜头光晕"对话框，在打开的对话框中，向左下方拖动光源到适当的位置，设置"亮度"为150%，"镜头类型"为35毫米聚焦，完成设置后，单击"确定"按钮，如右下图所示。

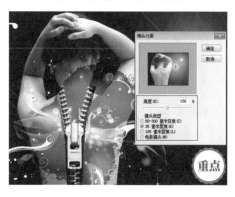

09 调整色调。再次添加"镜头光晕"滤镜后，效果如左下图所示；选择最上层的"彩纹"图层，按【Alt+Shift+Ctrl+E】快捷键盖印所有图层，生成新图层，命名为"效果"，按【Ctrl+M】快捷键，打开"曲线"对话框，拖动曲线到"S"形状，增加图像的整体明暗对比，效果如右下图所示。

案例 **04** 制作彩印网点特效

案例效果

Before

After

制作分析

制作关键		
本实例主要通过使用"渐变工具"和"彩色半调"滤镜绘制图像的彩色网点效果，然后更改图层混合模式，使用"画笔工具"绘制网点范围，最后为网点添加亮边，完成制作。		
技能与知识要点		
• "渐变工具"的使用	• "色阶"命令	• "查找边缘"命令
• "彩色半调"命令	• "画笔工具"的使用	

本例难易度 ★ ★ ☆ ☆ ☆

具体步骤

01 打开素材并复制图层。打开素材文件5-4-01.jpg，如左下图所示。按【Ctrl+J】快捷键复制图层。新建图层，命名为"渐变"。选择工具箱中的"渐变工具"，在选项栏中选择"透明彩虹渐变"，单击"角度渐变"按钮，如右下图所示。

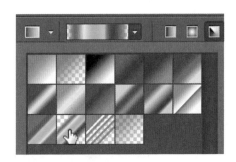

02 填充渐变色并添加"彩色半调"滤镜效果。拖动鼠标填充渐变色，如左下图所示。执行"滤镜→像素化→彩色半调"命令，设置"最大半径"为100像素，如右下图所示。

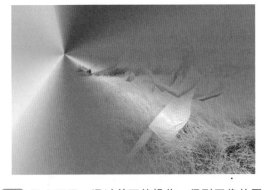

彩色半调

最大半径(R): 100　(像素)　　确定

网角(度):　　　　　　　　取消

通道 1(1): 108

通道 2(2): 162

通道 3(3): 90

通道 4(4): 45

03 混合图层。通过前面的操作，得到图像的网点效果，如左下图所示。更改图层混合模式为"变亮"，如右下图所示。

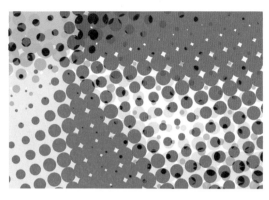

04 添加图层蒙版。将"背景 拷贝"图层命名为"变亮"，为该图层添加图层蒙版，使用黑色"画笔工具" ✏️ 涂抹人物，效果如左下图所示。

05 复制图层。按【Ctrl+J】快捷键复制图层，命名为"颜色"。更改图层混合模式为"颜色"，效果如右下图所示。

06 复制图层。单击选择"背景"图层，按【Ctrl+J】快捷键复制图层，命名为"动感模糊"，如左下图所示。

07 动感模糊。执行"滤镜→模糊→动感模糊"命令，设置"角度"为-45度，"距离"为110像素，如右下图所示。

08 添加图层蒙版。通过前面的操作，得到动感模糊效果，如左下图所示。为图层添加图层蒙版，选择工具箱中的"画笔工具" ✏️，在选项栏中的画笔选取器中，选择"海绵画笔投影"，如右下图所示。

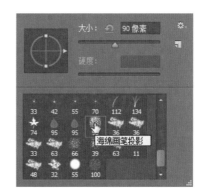

在选择"画笔工具"时，可以尝试采用其他的画笔进行绘制。在绘制时，要注意流畅性，注意整体结构图，使画面更加灵活。

09 涂抹蒙版。使用"画笔工具" ✍ 涂抹蒙版，显示部分隐藏的图像，效果如左下图所示。

10 添加"彩色半调"滤镜。继续保持图层蒙版的选中状态，执行"滤镜→像素化→彩色半调"命令，设置"最大半径"为100像素，效果如右下图所示。

11 复制图层。按【Ctrl+J】快捷键复制图层，命名为"亮边"，如左下图所示。

12 添加"查找边缘"滤镜。保持图层蒙版的选中状态，执行"滤镜→风格化→查找边缘"命令，如右下图所示。

13 调整色阶。执行"图像→调整→色阶"命令，将"输入色阶"滑块移动到右侧，如左下图所示。

14 调整色阶效果。通过前面的操作，调整图像蒙版，效果如右下图所示。

15 反相图像。保持图层蒙版选中状态，执行"图像→调整→反相"命令，反相颜色，效果如左下图所示。

16 混合图层。更改"亮边"图层混合模式为"实色混合"，效果如右下图所示。

17 复制图层。按【Ctrl+J】快捷键复制"亮边"图层，如左下图所示。按【Ctrl+T】快捷键，执行"自由变换"命令，适当放大图像，效果如右下图所示。

案例 **05** 彩色网状图片特效

案例效果

Before

After

制作分析

	制作关键
本例难易度 ★ ★ ☆ ☆ ☆	本例使用"云彩"滤镜创建自由纹理，接着使用点状化命令为纹理上色，综合"反相"、"马赛克"、"查找边缘"命令创建正方形网状效果，最后加上人物，合成整体图像，完成制作。
	技能与知识要点
	• "点状化"命令　　　　• "马赛克"命令　　　　• "查找边缘"命令

具体步骤

01 新建文档并添加"云彩"滤镜。按【Ctrl+N】快捷键，新建一个宽度为1024像素，高度为768像素，分辨率为72像素/英寸的文档，完成设置后，单击"确定"按钮，如左下图所示；按【D】键，恢复默认前景色和背景后，执行"滤镜→渲染→云彩"命令，按【Alt+Ctrl+F】快捷键重复执行滤镜，加强云彩效果，如右下图所示。

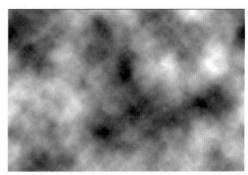

02 添加"点状化"滤镜。执行"滤镜→像素化→点状化"命令，在打开的"点状化"对话框中，设置"单元格大小"为45，如左下图所示，效果如右下图所示。

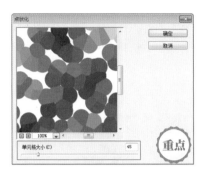
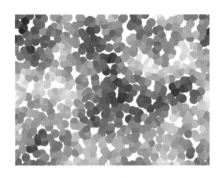

03 添加"马赛克"滤镜。执行"图像→调整→反相"命令，增加图像的艳丽程度，效果如左下图所示；执行"滤镜→像素化→马赛克"命令，在打开的"马赛克"对话框中，设置"单元格大小"为30方形，如右下图所示。

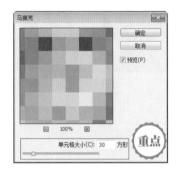

04 添加"查找边缘"滤镜。复制背景图层，命名为"查找边缘"，执行"滤镜→风格化→查找边缘"命令，图像效果如左下图所示；按【Ctrl+I】快捷键执行反相命令，反转图像颜色，图像效果如右下图所示。

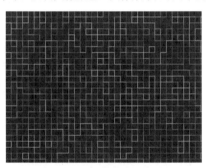

05 添加素材。更改"查找边缘"图层混合模式为"叠加"，效果如左下图所示。打开素材文件5-5-01.jpg，复制粘贴到当前文件中，命名为"女孩"，并设置图层混合模式为"滤色"，效果如右下图所示。

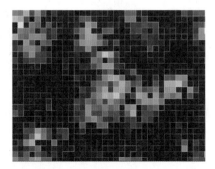

06 调整色调。在"女孩"图层上方创建"曲线1"调整图层，首先调整"RGB"色调，拖动曲线为"S"形，如左下图所示；接着调整"红"色调，控制点"输出"为171，"输入"为102，如右下图所示。

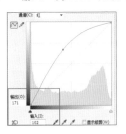

07 继续调整色调。使用相同的方法调整"绿"色调，控制点"输出"为143，"输入"为107，如左下图所示；调整"蓝"色调，控制点"输出"为111，"输入"为139，如右下图所示。

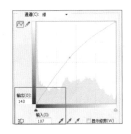
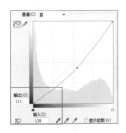

08 查看最终效果。调整颜色并移动"女孩"对象到图像中间，最终效果如下图。

案例 06 烈焰中奔出铜马特效

案例效果

Before

After

制作分析

本例难易度 ★★★☆☆	制作关键
	本实例通过"反相"命令反转图像的颜色后，使用"色彩平衡"命令，分别调整图像的阴影、中间调和高光，加重每个色调的红色和黄色成分，最终打造出燃烧中烈焰的鲜红色调，完成制作。
	技能与知识要点
	• "反相"命令　　　　　　　　　　• "色彩平衡"命令

具体步骤

01 将素材进行反相处理。打开素材文件5-6-01.jpg，如左下图所示；复制"背景"图层，更名为"反相"，执行"图像→调整→反相"命令或者按【Ctrl+I】快捷键，反相图像效果，如右下图所示。

02 调整色彩平衡。执行"图像→调整→色彩平衡"命令，或按【Ctrl+B】快捷键打开"色彩平衡"对话框，选中"阴影"单选按钮，相关参数设置如左下图所示；选中"中间调"单选按钮，相关参数设置如右下图所示。

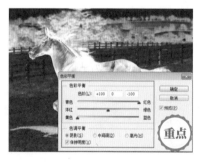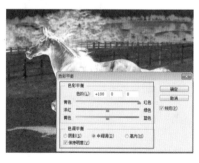

03 调整高光。选中"高光"单选按钮，相关参数设置如左下图所示。设置完成后效果如右下图所示。

案例 **07** 制作漂亮的立体画框特效

案例效果

Before

After

制作分析

本例难易度	★★★☆☆	**制作关键**
		本实例主要通过打开一副照片，使用选区工具创建相框，接着将背景多余的区域清除，最后给画框制作投影效果，打造出立体画框的特效，完成制作。
		技能与知识要点
		• "风"命令　　　　　• "极坐标"命令　　　　　• "正片叠底"的使用

具体步骤

01 打开素材并新建图层。打开素材文件5-7-01.jpg，如左下图所示；在"图层"面板中新建"图层1"，如右下图所示。

02 创建选区。选择工具箱中的"矩形选框工具" ⊞，在图像中创建选区，如左下图所示。

03 填充颜色。设置前景色为白色，按【Alt+Delete】快捷键填充选区，执行"选择→取消选择"命令取消选择，如右下图所示。

04 创建选区并删除多余图像。选择工具箱中的"矩形选框工具" ，在图像中创建选区，如左下图所示。按【Delete】键，将选区内的图像删除，如右下图所示。

05 变形对象。执行"选择→取消选择"取消选择，执行"编辑→自由变换"命令，弹出定界框，按住【Ctrl】键拖动控制点，对图像进行变形，如左下图所示。

06 创建选区。在定界框中双击鼠标确定变换，选择工具箱中的"多边形套索工具" ，勾选出和树叶尖重叠的区域，如右下图所示。

07 删除多余图像。按【Delete】键删除选区内的内容，执行"选择→取消选择"命令取消选择，效果如左下图所示。

08 创建选区。在"图层"面板中选择"背景"图层，选择工具箱中的"多边形套索工具" ，在图像中创建选区，如右下图所示。

09 反向选区。执行"选择→反向"命令，将选区反相，如左下图所示。

10 反向选区。双击"背景"图层，在弹出的对话框中单击"确定"按钮，将"背景"图层转换为"图层0"，按【Delete】键删除选区内的内容，如右下图所示。

11 反向选区。选择"图层0"和"图层1"，按【Ctrl+E】快捷键合并图层，新建"图层2"，将其放置在"图层1"的下方，如左下图所示。

12 填充选区。设置前景色参数（R：255、G：99、B：5），按【Alt+Delete】快捷键填充"图层2"，如右下图所示。

13 添加投影。双击"图层1"，在打开的"图层样式"对话框中，勾选"投影"选项，设置"不透明度"为75%，"角度"为108度，"距离"为7像素，"扩展"为4%，"大小"为18像素，勾选"使用全局光"选项，如左下图所示。通过前面的操作，立体画框效果制作完成，最终效果如右下图所示。

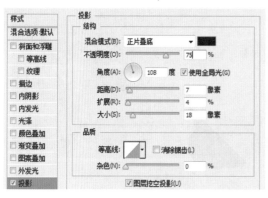

案例 08 打造魅力蝴蝶新娘特效

案例效果

Before

After

制作分析

	制作关键
本例难易度 ★★★★☆☆	本实例的制作主要分为两个部分。首先是背景部分的制作，需要用到一些植物及花朵素材，然后使用图层混合模式进行融合；其次加入蝴蝶素材，使用"查找边缘"滤镜打造蝴蝶的特殊效果，用户也可以根据自己的思路加上其他装饰效果。
	技能与知识要点
	• 图层混合模式的使用　　　　　　　　　　• 盖印所有图层

具体步骤

01 新建文档并填充前景色。按【Ctrl+N】快捷键，新建一个宽度为850像素，高度为638像素，分辨率为72像素/英寸的文档；设置前景色为浅绿色（R：228、G：242、B：167），按【Alt+Delete】快捷键填充前景色，如左下图所示。

02 添加素材。打开素材文件5-8-01.jpg，复制粘贴到当前文件中，命名为"绿叶"，更改图层混合模式为"正片叠底"，如右下图所示。

 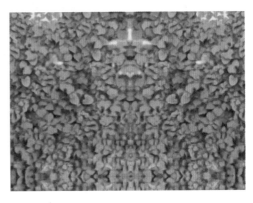

03 添加素材。打开素材文件5-8-02.jpg，如左下图所示。复制粘贴到当前文件中，命名为"鲜花"，更改图层混合模式为"正片叠底"，如右下图所示。

04 创建选区。使用"椭圆选框工具"在图像中绘制椭圆选区，按【Shift+F6】快捷键执行"羽化"命令，设置"羽化半径"为80像素，如左下图所示；新建图层，命名为"选区"，按【Alt+Delte】快捷键填充前景色，如右下图所示。

05 设置图层混合模式。新建图层，命名为"强光"，按【Alt+Shift+Ctrl+E】快捷键盖印图层，更改图层混合模式为"强光"，效果如左下图所示；打开素材文件5-8-03.jpg，复制粘贴到当前文件中，更名为"新娘"，更改图层混合模式为"线性加深"，如右下图所示。

06 设置图层混合模式。打开素材文件5-8-04.jpg，复制粘贴到当前文件中，命名为"蝴蝶"，移动到"鲜花"图层上方，如左下图所示；执行"滤镜→风格化→查找边缘"命令，更改"蝴蝶"图层混合模式为"划分"，更改"选区"图层混合模式为"强光"，图像效果如右下图所示。

案例 09 合成烈焰美人特效

案例效果

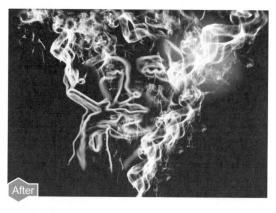

制作分析

<table>
<tr><td rowspan="2">本例难易度</td><td colspan="3">制作关键</td></tr>
<tr><td colspan="3">本实例主要通过"滤镜"命令得到人物的清晰轮廓，接下来使用"烟雾画笔"制作火焰效果，最后通过"渐变映射"调整图层为火焰上色，完成制作。</td></tr>
<tr><td>★★★★☆</td><td colspan="3">技能与知识要点</td></tr>
<tr><td></td><td>• "滤镜"命令
• "画笔工具"的使用</td><td>• 变换操作
• "渐变映射"命令</td><td>• 图层混合模式的使用</td></tr>
</table>

具体步骤

01 打开素材并创建选区。打开光盘中的素材文件5-9-01.jpg，使用"快速选择工具"☑在人物区域创建选区，如左下图所示。

02 复制选区内容。按【Ctrl+J】快捷键复制选区内容，得到"图层1"。选中"背景"图层，将背景填充为黑色，如右下图所示。

03 调整头部位置。按【Ctrl+T】快捷键对"图层1"执行自由变换。按住【Shift】键向中间拖动对角控制点，将人物头像缩小一点，并移到画面中间位置。双击鼠标确定变换，如左下图所示。

04 添加"中间值"滤镜。执行"滤镜→杂色→中间值"命令。在弹出的"中间值"对话框中设置"半径"为6像素；单击"确定"按钮，此时照片中的人物图像变得更加柔和，效果如右下图所示。

05 执行"去色"命令。执行"图像→调整→去色"命令。将照片进行去色，效果如左下图所示。

06 添加"查找边缘"滤镜。执行"滤镜→风格化→查找边缘"命令，此时，人物大部分变为白色，如右下图所示。

07 执行"反相"命令。按【Ctrl+I】快捷键将照片色彩反相显示，效果如左下图所示。

08 执行"高斯模糊"命令。执行"滤镜→模糊→高斯模糊"命令。在弹出的"高斯模糊"对话框中设置"半径"为2像素；单击"确定"按钮，如右下图所示。

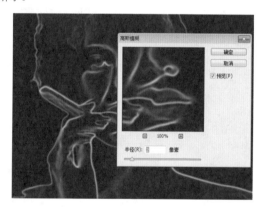

09 擦除边缘。选择工具箱中的"橡皮擦工具 ✐"，在属性栏设置橡皮擦画笔大小为100像素、硬度为0%。在人物脖子和头部边缘比较硬朗的区域拖动鼠标进行擦除，效果如左下图所示。

10 调整色阶。单击"图层"面板底部"添加图层样式"按钮 ✐，在打开的菜单中单击"色阶"命令。在打开的"调整"面板中设置色阶参数值为14、1.5、255。此时，照片中的亮部与暗部更加明显，如右下图所示。

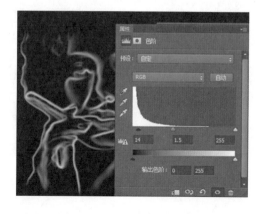

11 盖印图层。按【Shift+Ctrl+Alt+E】快捷键盖印可见图层，得到"图层2"；将"图层2"的图层混合模式设置为"滤色"，照片中人物的头像线条更亮，如左下图所示。

12 选择"载入画笔"命令。选择工具箱中的"画笔工具" ，单击属性栏中的"画笔预设"下拉按钮；在"画笔预设"选取器中单击"展开"按钮；在打开的菜单中单击"载入画笔"命令，如右下图所示。

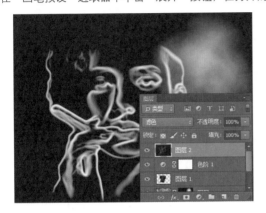
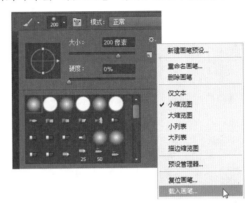

13 载入烟雾画笔。在打开的"载入"对话框中，选择"烟雾画笔"，单击"载入"按钮，如左下图所示。

14 选择画笔。在"画笔预设"选取器中向下拖动滑块到底部，显示隐藏的画笔；选择载入第3个烟雾画笔；设置"大小"为380像素，如右下图所示。

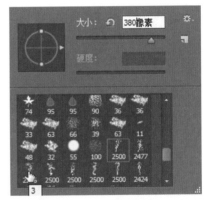

15 绘制烟雾。单击"图层"面板底部的"创建新图层"按钮 ，得到"图层3"。设置前景色为白色，使用设置好的烟雾画笔在照片中绘制烟雾，如左下图所示。

16 调整烟雾位置。按【Ctrl+T】快捷键对绘制的烟雾执行自由变换，调整烟雾的位置，如右下图所示。

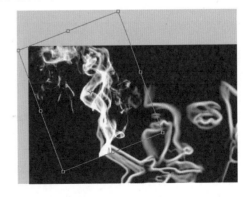

17 擦除多余烟雾。选择工具箱中的"橡皮擦工具"  ，使用"柔边圆100像素"的画笔在坚硬的边缘处拖动鼠标擦除多余的烟雾，使烟雾与脸部轮廓能够融合，效果如左下图所示。

18 绘制多个烟雾效果。继续创建新图层，使用相同方法，用"画笔工具"与"橡皮擦工具"相结合，在人物周围绘制多个自然融合的烟雾效果，如右下图效果。

19 调整图层。按【Ctrl+E】快捷键将所有烟雾图层向下合并，合成为"图层3"；选中"背景"图层，单击"创建新图层"按钮，得到"图层4"，如左下图所示。

20 添加"云彩"滤镜。按【D】键恢复默认前景色和背景色，执行"滤镜→渲染→云彩"命令，此时画面如右下图所示。

21 设置渐变工具。设置前景色为白色，背景色为黑色。选择工具箱中的"渐变工具" 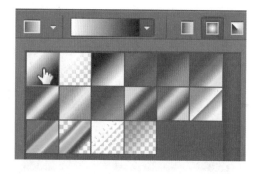 ，在属性栏单击"径向渐变"按钮 ；选择"从前景色到背景色"渐变方式，如左下图所示。

22 添加图层蒙版。选中"图层4"；单击"添加图层蒙版"按钮，为"图层4"添加图层蒙版，如右下图所示。

23 创建渐变范围。在照片中按住鼠标左键拖动创建渐变范围，如左下图所示。此时，人物轮廓与火焰轮廓完全显示，效果如右下图所示。

24 添加渐变映射调整图层。选择"图层3"，单击"图层"面板底部"创建新的填充或调整图层"按钮，在打开的菜单中单击"渐变映射"命令，如左下图所示。

25 设置渐变色。在弹出的"渐变编辑器"对话框中单击"蓝、红、黄"渐变，将红色色标向左拖动，单击"确定"按钮，如右下图所示。

 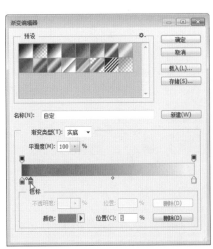

26 更改图层混合模式。将图层"渐变映射1"的图层混合模式更改为"叠加"，如左下图所示。通过前面的操作，得到极具视觉冲击力的火焰美人，效果如右下图所示。

案例 10 打造潮流人物特效

案例效果

Before

After

制作分析

	制作关键
本例难易度 ★★★☆☆☆	本实例主要先为人物眼睛、嘴唇、头发上色并添加画笔效果，然后使用"钢笔工具"绘制路径，最后使用"自定形状工具"为整个画面添加图形元素，完成制作。
	技能与知识要点
	• "画笔工具"的使用 • "自定形状工具"的使用 • "钢笔工具"的使用 • 图层混合模式的使用

具体步骤

01 创建图层。打开素材文件5-10-01.jpg，创建一个新图层，得到"图层1"，设置图层混合模式为"颜色"，如左下图所示。

02 为眼睛和嘴上色。设置前景色为绿色（R：52、G：255、B：43），使用"柔边圆17像素"的画笔在嘴唇和眼睛区域涂抹，效果如右下图所示。

03 为头发上色。创建一个新图层，得到"图层2"；设置图层混合模式为"颜色"。选择不同的前景色在头发上进行绘制，此处可随意发挥，效果如左下图所示。

04 载入画笔。选择"画笔工具" ，打开"画笔预设"面板，单击"设置"按钮 ，选择"DP画笔"命令，如右下图所示。

05 选择画笔。打开"画笔预设"面板，选择"DP花纹"画笔，如左下图所示。

06 载入画笔。创建一个新图层，得到"图层3"；设置图层混合模式为"颜色"，设置前景色为蓝色（R：0、G：255、B：234）；使用鼠标指针指向画面，如右下图所示。

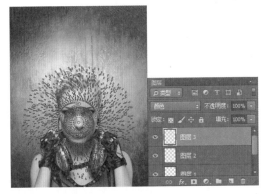

07 绘制花纹效果。单击鼠标，在人物脸部绘制出花纹效果，如左下图所示。

08 设置"画笔工具"。设置"画笔工具" 为"柔边圆"，按【F5】键打开"画笔"面板，勾选"形状动态"复选项，调整相应参数，如右下图所示。

09 设置"画笔工具"。勾选"散布"复选项，调整相应参数，如左下图所示。

10 绘制发光点。在人物眼角与手上按住鼠标左键拖动绘制曲线型发光点，效果如右下图所示。

11 绘制路径。使用"钢笔工具" ✐ 在人物右眼角绘制路径，创建新图层，得到"图层5"，设置不透明度为70%，如左下图所示。

12 填充路径。设置前景色为红色（R：255、G：0、B：0），单击"路径"面板的"用前景色填充路径"按钮 ● ，效果如右下图所示。

13 绘制路径。使用相同方法创建新图层，并制作出多条彩带，颜色随意搭配，效果如左下图所示。

14 管理图层。新建图层组，得到"组1"，将除"背景"图层外的其他图层拖动到"组1"中；新建图层组，得到"组2"，在"组2"中创建新图层，得到"图层9"，设置"不透明度"为70%，用于绘制新图形，效果如右下图所示。

15 创建其他心形。使用相同方法依次绘制出其他心形图形，效果如左下图所示。

16 调整图层位置。将图层"组1"中的"图层4"拖动到"组2"中的最上方，此时所绘制的发光点位于图形上方，如右下图所示。

17 设置画笔。选择"画笔工具" ，设置画笔为"硬边圆60像素"，设置前景色为红色（R：249、G：0、B：18）。

18 设置"画笔"面板。按【F5】键打开"画笔"面板，分别勾选"形状动态"、"散布"、"颜色动态"复选项，并设置相应的参数，如下图所示。

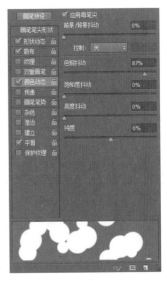

19 绘制圆点。创建新图层，得到"图层20"，设置混合模式为"正片叠底"，在画面合适的位置单击并拖动鼠标，绘制圆点，效果如右图所示。

20 添加光线效果。置入素材文件5-10-02.jpg，将位置调整到画面顶部；栅格化图层，设置混合模式为"叠加"；选择"橡皮擦工具"，设置为"柔边圆"、"不透明度"为30%，将素材底部与人物脸部衔接的区域擦除，打造出自然的效果，如右下图所示。

案例 **11** 火轮飞车特效

Before

After

制作分析

本例难易度 ★★★☆☆	制作关键
	本实例主要通过使用"画笔工具"涂抹出火圈的颜色，然后添加"外发光"滤镜使效果更加逼真，最后绘制出车轮周围的亮点，完成制作。
	技能与知识要点
	• "画笔工具"的使用　　　　　　• "外发光"命令

具体步骤

01 涂抹车轮高光。打开素材文件5-11-01.jpg，如左下图所示。创建一个新图层为"图层1"，选择工具箱中的"画笔工具" ，设置前景色为白色，在选项栏中设置"不透明度"为50%，在图像涂抹出车轮内部的高光，如右下图所示。

02 添加外发光效果。双击"图层1"，在弹出的"图层样式"对话框中选择"外发光"选项，设置外发光颜色（R：244、G：219、B：48），其他参数设置如左下图所示。设置完成后，效果如右下图所示。

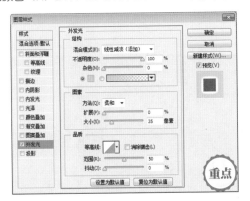

03 涂抹车轮颜色。选择工具箱中的"橡皮擦工具" ，擦除掉多余的光泽，使用"画笔工具" ，设置前景色（R：242、G：166、B：18）；创建一个新图层为"图层2"，涂抹车轮外圈，如左下图所示。

04 添加外发光效果。双击"图层2"，在弹出的"图层样式"对话框中选择"外发光"选项，设置外发光颜色（R：237、G：137、B：83），其他参数设置如右下图所示。

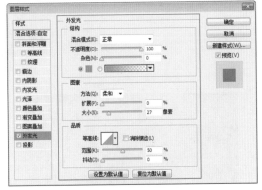

05 添加外发光效果。设置完成后，效果如左下图设置。创建一个新图层为"图层3"，使用"画笔工具" ，设置前景色（R：249、G：245、B：209），在图像中涂抹出火光的效果，如右下图所示。

06 添加外发光效果。双击"图层3"，在弹出的"图层样式"对话框中选择"外发光"选项，设置外发光颜色（R：236、G：121、B：58），其他参数设置如左下图所示。设置完成后，设置"画笔工具"大小为8像素，在图像中涂抹出散落的亮点，最终效果如右下图所示。

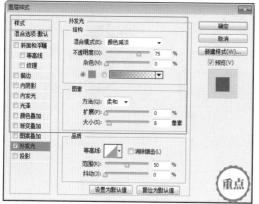

案例 **12** 金鱼趣味拼图特效

案例效果

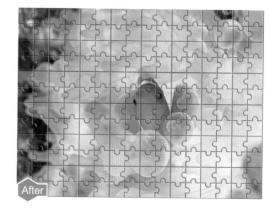

制作关键	
本例难易度 ★★★☆☆☆	本实例主要通过绘制拼图形状并存储为自定义图案，然后执行"填充"命令叠加在人物素材中，最后添加图层样式中的"投影"、"斜面浮雕"选项，制作出阴影效果，完成制作。
技能与知识要点	
• "填充"命令	• "定义图案"命令

具体步骤

01 新建文件。按【Ctrl+N】快捷键，在弹出的"新建"对话框中，设置"宽度"为100像素、"高度"为100像素，"分辨率"为72像素/英寸，"颜色模式"为"RGB颜色"，"背景内容"为"透明"，单击"确定"按钮，如左下图所示。

02 创建参考线。执行"视图→新建参考线"命令，设置"位置"为50像素，分别创建水平和垂直参考线，效果如右下图所示。

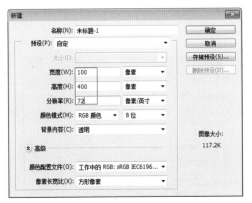

03 创建正方形选区。选择工具箱中的"矩形选框工具"，在选项栏中设置宽度与高度分别为50像素，在图像中按住鼠标左键拖动鼠标创建矩形，如左下图所示。

04 创建正圆选区。设置前景色（R：6、G：214、B：4），按【Alt+Delete】快捷键填充，选择"椭圆选框工具"，在图像中创建椭圆选区，并填充前景色，效果如右下图所示。

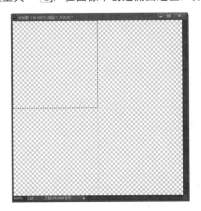

05 绘制图形。继续使用"椭圆选框工具"⬭，在图像中创建椭圆选区，按【Delete】键删除选区，如左下图所示。复制"图层1"图层，得到"图层1副本"，执行"编辑→变换→旋转180度"命令，移动至合适位置后；按【Ctrl】键单击"图层1副本"图层，调出选区设置前景（R：254、G：89、B：38），按【Alt+Delete】快捷键填充选区颜色，效果如右下图所示。

06 添加图层图案。执行"编辑→定义图案"命令，在弹出的"图案名称"对话框中单击"确定"按钮，打开素材文件5-12-01.jpg，如左下图所示。创建一个新图层为"图层1"，执行"编辑→填充"命令，在弹出的"填充"对话框中，设置"使用"为"图案"，如右下图所示。

07 调整图案大小。填充后，效果如左下图所示。执行"编辑→自由变换"命令，（自由变换快捷键：【Ctrl+T】），按住【Shift】键拖动四周控制点，等比例扩大图像到合适大小，按【Enter】键确定，如右下图所示。

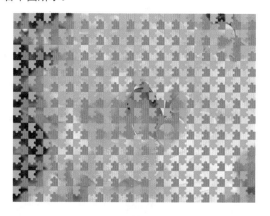
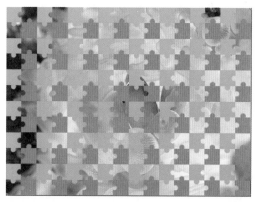

08 添加"斜面和浮雕"图层样式。双击图层，在打开的"图层样式"对话框中，勾选"斜面和浮雕"选项，设置"样式"为"枕状浮雕"，"方法"为"平滑"，"深度"为300%，"方向"为上，"大小"为5像素，"软化"为0像素，"角度"为135度，"高度"为30度，"高光模式"为"滤色"，"不透明度"为75%，"阴影模式"为"正片叠底"，"不透明度"为75%，如左下图所示。添加图层样式后，效果如右下图所示。

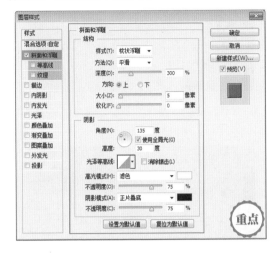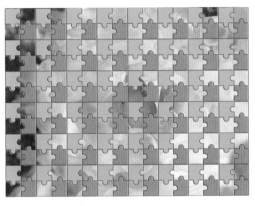

09 去掉图像颜色。按【Shift+Ctrl+U】快捷键，去掉图像颜色，如左下图所示。更改图层混合模式为"变暗"，如右下图所示。

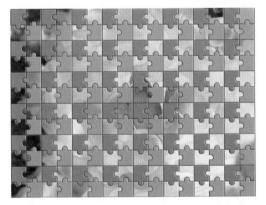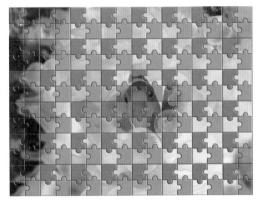

变暗

　　　"变暗"模式将导致比背景颜色更淡的颜色从"结果色"中被去掉了，在"变暗"模式中，查看每个通道中的颜色信息，并选择"基色"或"混合色"中较暗的颜色作为"结果色"。比"混合色"亮的像素被替换，比"混合色"暗的像素则保持不变。

10 调整亮度。执行"图像→调整→亮度/对比度"命令，设置"亮度"为150，"对比度"为0，如左下图所示。单击"确定"按钮，调整图像亮度，效果如右下图所示。

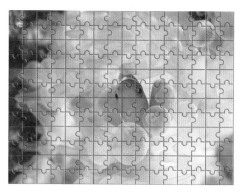

11 调整阴影亮度。单击"背景"图层，执行"图像→调整→阴影/高光"命令，设置"数量"为35%，如左下图所示，效果如右下图所示。

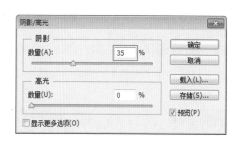

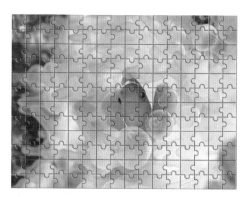

12 增加饱和度。按【Ctrl+U】快捷键，执行"色相/饱和度"命令，设置"饱和度"为+35，最终效果如右下图所示。

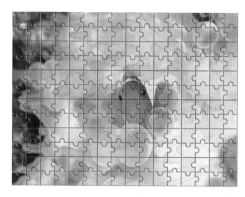

上机实战——跟踪练习成高手

通过前面的案例学习，相信读者对Photoshop制作视觉特效已有所认识和掌握，为了巩固前面知识与技能的学习，下面安排一些典型实例，让读者自己动手，根据光盘中的素材文件与操作提示，独立完成这些实例的制作，达到举一反三的学习目的。

为了方便学习，本节相关实例的素材文件、结果文件，以及同步教学文件可以在配套的光盘中查找，具体内容路径如下。

原始素材文件：光盘\素材文件\第5章\上机实战
最终结果文件：光盘\结果文件\第5章\上机实战
同步教学文件：光盘\多媒体教学文件\第5章\上机实战

实战 01 彩色制作提线木偶特效

实战效果

操作提示

制作关键
本实例主要通过使用"钢笔工具"勾勒出关节的分割线，然后进行画笔描边并添加图层样式，最后使用"画笔工具"绘制出提线，完成制作。

本例难易度 ★★★☆☆

技能与知识要点
• "钢笔工具"的使用   • "斜面与浮雕"的使用

主要步骤

01 创建出人物关节分割线。打开素材文件5-1-01.jpg，创建一个新图层为"图层1"；选择工具箱中的"钢笔工具" ，创建出人物关节分割线，如左下图所示。绘制完成后，选择"画笔工具" ，在其选项栏中设置画笔大小为7像素，画笔样式为"硬边机械"，设置前景色（R：127、G：71、B：33）；切换至"路径"面板，单击"用画笔描边路径"按钮 ，进行描边。

02 设置斜面与浮雕参数。双击"图层1"，在弹出的"图层样式"对话框中选择"斜面与浮雕"选项，设置阴影颜色（R：196、G：168、B：146）其他参数设置如右下图所示。

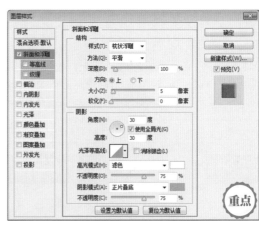

知识扩展

斜面与浮雕

当打开"斜面与浮雕"设置面板时，其中样式就有5种，分别为"外斜面"、"内斜面"、"浮雕效果"、"枕状浮雕"和"描边浮雕"。其中，"外斜面"是指以图像的外边缘为准，创建出外边缘斜面；"内斜面"则是以图像的边缘为准，创建出向内斜面的效果；"浮雕效果"则可以创建出类似于浮雕的效果；"枕状浮雕"则是像雕刻刀雕刻出类似于槽的效果；"描边浮雕"则是和图层样式的描边效果一起使用才会有效果，它是以描边外边缘为准创建浮雕。

03 绘制提线。设置完成后，创建一个新图层为"图层2"；选择"画笔工具" ，在选项栏中设置画笔大小为3像素，设置前景色（R：122、G：103、B：94），由上至下按住【Shift】键，绘制出拉住手臂的线条，完成制作。

实战 **02** 白天变黑夜特效

实战效果

Before

After

操作提示

	制作关键
本例难易度 ★★★★☆ ★★★★☆ ☆	本实例主要通过使用"通道"与"添加图层蒙版"抠出天空区域，然后设置素材的图层混合模式，最后为了添加真实感，调整窗户亮度并绘制光线进行模糊处理，完成制作。
	技能与知识要点
	• "通道"的使用　　　　　　　　　　　　　• "添加图层蒙版"的使用

主要步骤

01 调出"蓝"通道选区。打开素材文件5-2-01.jpg，切换至"通道"面板，选择"蓝"通道，按住【Ctrl】键单击"蓝"通道，调出选区。

02 复制图层。切换至"图层"面板，复制"背景"图层，得到"背景 副本"图层，单击图层面板底部的"添加图层蒙版"按钮 ◙ ，并隐藏"背景"图层，按住【Alt】键单击"背景副本"图层蒙版缩览图，按【Ctrl+L】快捷键，在弹出的"色阶"对话框中设置参数，如左下图所示。

03 编辑蒙版并添加素材。设置前景色为黑色，选择"画笔工具" ✐ ，在其选项栏中设置"不透明度"为100%，将鼠标指针放在建筑区域中涂抹，涂抹完成后，按住【Alt】键再次单击"背景 副本"图层蒙版缩览图，按【Shift+Ctrl+I】快捷键反选图像。

04 设置图层混合模式。置入素材文件5-2-02.jpg，并命名为"夜空"，设置图层混合模式为"叠加"。为了使黑夜效果更加明显，选择工具箱中的"多边形套索工具" ✄ ，勾勒出窗户的轮廓，如右下图所示。

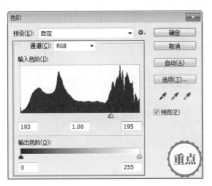

05 调整曲线并绘制光线轮廓。按【Ctrl+J】快捷键复制选区，并命名为"窗户"；按【Ctrl+M】快捷键，在弹出的"曲线"对话框中调整形状，如左下图所示。创建一个新图层，命名为"光线"，设置前景色（R：247、G：245、B：78），选择工具箱中的"矩形选框工具" ▢ ，创建矩形选区，按【Alt+Delete】快捷键填充选区。

06 添加"高斯模糊"滤镜效果。执行"滤镜→模糊→高斯模糊"命令，在弹出的"高斯模糊"对话框中设置"半径"为10像素，单击"确定"按钮，得到最终效果，如右下图所示。

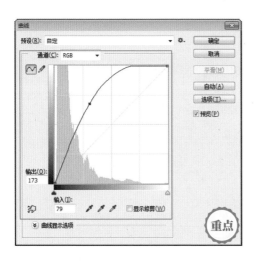

实战 03 汽车飞驰特效

实战效果

Before

After

操作提示

制作关键

本例难易度 ★★☆☆☆

本实例主要讲解奔跑的汽车制作，首先在汽车边缘绘制路径，再将路径转换为选区，然后反选选区，将汽车背景选中创建为新的图层，最后为其添加"动感模糊"滤镜，完成制作。

技能与知识要点

- "钢笔工具"的使用
- 路径转换为选区
- 反选选区
- "动感模糊"滤镜

主要步骤

01 打开照片素材绘制路径。打开素材文件5-3-01.jpg，选择"钢笔工具" ，在照片中汽车边缘绘制路径。

02 路径转换为选区并反向。按【Ctrl+Enter】快捷键将路径转换为选区，按【Shift+Ctrl+I】快捷键将选区反向。

03 创建新图层。按【Ctrl+J】快捷键，将选区内的图像创建为"图层1"。

04 制作"动感模糊"效果。为了制作出奔跑效果，执行"滤镜→模糊→动感模糊"命令，在弹出的"动感模糊"对话框中设置其参数，如左下图所示。

05 完成设置。设置完成，效果如右下图所示。

在拍摄动态物体时，适当的动态拍摄效果会取得意想不到的收获，一张好的数码照片在特定的环境下有了动与静的结合，可使整体更加活力；更具有艺术感。

本 章 小 结

在图像处理过程中，为了使图像更加精美，常常使用特效手段，Photoshop具有强大的特效处理功能，特别是使用滤镜可以快速生成特效效果。在前面的基础阶段的学习中，我们掌握了不少的图像处理手法，如移动、变换、图层蒙版等，但要创作出好的作品，光掌握这些功能是远远不够的，创作者还需要具有良好的创意和设计能力才行，这就能需要大家在平时多参考在一些优秀的作品，多实践、多沉淀、多培养，灵感自然就喷涌而出了。

图像创意与特效合成

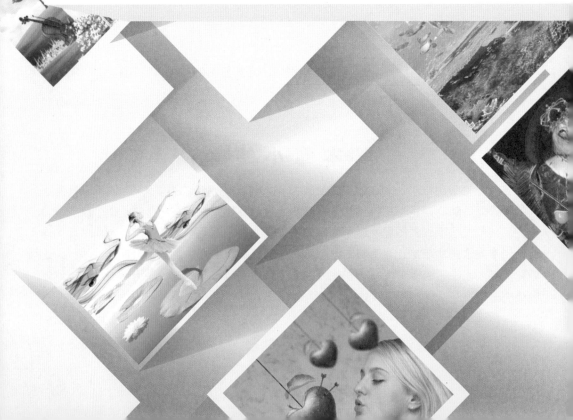

第 6 章

本章导读

　　创意合成是艺术设计的一个分支，由设计爱好者根据个人喜好创作出来的作品，这类作品具有较强的个性特色与风格，为广大设计爱好者提供了广阔的设计空间。本章将通过几个实例的介绍来讲解创意合成技法，读者可以举一反三，通过通道、蒙版、图层实现将多张单一的照片制作出更多更漂亮的合成效果。

同步训练——跟着大师做实例

　　创意合成是非常神奇的，通过合成可以表达设计者的无限创意，将不同类型的照片素材合成到同一文档中，组合成一幅漂亮的图像。下面给读者介绍一些创意合成特效实例，希望读者能跟着我们的讲解，一步一步地做出与书同步的效果。

　　　　为了方便学习，本节相关实例的素材文件、结果文件，以及同步教学文件可以在配套的光盘中查找，具体内容路径如下。

原始素材文件：光盘\素材文件\第6章\同步训练
最终结果文件：光盘\结果文件\第6章\同步训练
同步教学文件：光盘\多媒体教学文件\第6章\同步训练

案例 01 合成浪漫婚纱照效果

案例效果

制作分析

本例难易度 ★★★☆☆	制作关键
	本实例主要通过"套索工具"创建选区，然后使用"调整边缘"命令精细调整选区，最后添加素材文件，完成制作。
	技能与知识要点
	• "套索工具"的使用　　　• "调整边缘"命令　　　• 置入文件

具体步骤

01 打开素材并创建选区。打开光盘中的素材文件6-1-01.jpg，使用"套索工具"创建人物选区，如左下图所示。

02 调整选区边缘。单击属性栏中的"调整边缘"按钮，在"调整边缘"对话框中，设置"半径"为88像素，"平滑"为0，"羽化"为0像素，"对比度"为80%，"移动边缘"为0%，"输出到"选区，单击"确定"按钮，如右下图所示。

03 调整边缘效果。调整选区边缘后，选区更加贴近人物边缘，效果如左下图所示。

04 调整选区细节部分。使用"快速选择工具"对选区细节部分进行调整，调整后的效果如右下图所示。

05 置入背景素材。按【Ctrl+J】快捷键复制选区内容，得到"图层1"；选中"背景"图层；置入光盘中的素材文件6-1-02.jpg，如左下图所示。

06 调整素材位置。拖动背景素材控制点，调整背景素材的位置，效果如右下图所示。

重点

案例 **02** 沙漠变绿洲

案例效果

Before

After

制作分析

本例难易度 ★★★☆☆	**制作关键**
	本实例主要通过将绿洲的图片移动至沙漠中，制作出绿洲的效果，然后调整图像的"不透明度"使画面效果融合协调，最后调整图像亮度，使画面更加自然。
	技能与知识要点
	• "曲线"命令

具体步骤

01 复制图层。打开素材文件6-2-01.jpg，如左下图所示。打开素材文件6-2-02.jpg，如右下图所示。在素材文件6-2-01.jpg中复制"背景"图层，得到"背景 拷贝"图层。

02 复制选区。选择工具箱中的"多边形套索工具" ，在图像中的草地区域创建选区并复制，如左下图所示。

03 粘贴素材。在素材文件6-2-01.jpg中粘贴，得到"图层1"，如右下图所示。

04 调整图像大小。按【Ctrl+T】快捷键调整图像大小，如左下图所示。为了使草地的色调与沙漠的色调更加融合，将图层"不透明度"设置为90%，如右下图所示。

05 调整图像亮度。按【Ctrl+M】快捷键打开"曲线"对话框，调整图像亮度，各项参数设置如左下图所示。设置完成后，效果如右下图所示。

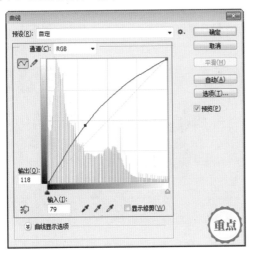

案例 **03** 合成深海遨游特效

案例效果

Before　　　　　　　　　　　　　　　After

制作分析

	制作关键
本例难易度 ★★☆☆☆	本实例主要是选择合适的素材，首先通过图层蒙版拼合素材，然后通过调整素材的色彩和色调，统一整体画面色彩感觉，完成制作。
	技能与知识要点
	• "图层蒙版"操作　　　　　　　　　• "色彩平衡"命令 • "画笔工具"的使用　　　　　　　　• "色阶"命令

具体步骤

01 复制图层。打开素材文件6-3-01.jpg，如左下图所示。打开素材文件6-3-02.jpg，如右下图所示。复制"背景"图层，得到"背景 副本"图层。

02 调整色彩范围。执行"选择→色彩范围"命令，在弹出的"色彩范围"对话框中，使用吸管吸取背景颜色，拖动滑块，调节颜色选区，如左下图所示。

03 添加图层蒙版。单击图层面板底部的"添加图层蒙版"按钮 ⬚，隐藏"背景"图层，效果如右下图所示。

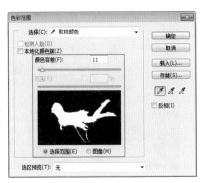 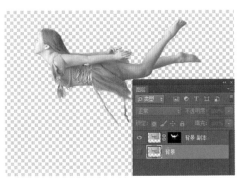

> **知识扩展**
>
> ## 色彩范围
>
> 　　"色彩范围"命令选择现有选区或整个图像内指定的颜色或颜色子集，如果想要替换选区，在应用此命令前确保已经取消选择所有内容，"色彩范围"命令不用于32位/通道图像，要细调现有的选区，需要使用"色彩范围"命令选择颜色的子集。

04 调整颜色。将"背景 副本"移动至6-3-02.jpg图像中，按【Ctrl+T】快捷键调整图像大小，如左下图所示。为了使人物的色调与海底色调协调，执行"图像→调整→色彩平衡"命令，弹出"色彩平衡"对话框（"色彩平衡"快捷键：【Ctrl+B】），参数设置如右下图所示。

 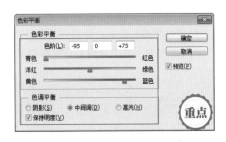

05 调整亮度。设置完成后，单击"确定"按钮，效果如左下图所示。执行"图像→调整→色阶"命令，弹出"色阶"对话框（"色阶"快捷键：【Ctrl+L】），相关参数设置如右下图所示。

 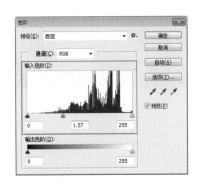

06 添加素材。置入素材文件6-3-03.jpg，命名为"珊瑚"，如左下图所示。按【Ctrl+T】快捷键调整图像大小，如右下图所示。

07 添加素材。单击图层面板底部的"添加图层蒙版"按钮 ，设置前景色为黑色，使用"画笔工具" ，涂抹多余背景，如左下图所示。置入素材文件6-3-04.jpg，并命名为"水泡"，如右下图所示。

08 进行加深处理。设置"水泡"图层的混合模式为"柔光"，单击图层面板底部的"添加图层蒙版"按钮 ，设置前景色为黑色，使用"画笔工具" ，涂抹人物区域，如左下图所示。选择工具箱中"加深工具" ，将图像底部的珊瑚进行涂抹加深处理，最终效果如右下图所示。

案例 **04** 打造浪漫的诗意水墨画

案例效果

Before　　　After

制作分析

本例难易度 ★★☆☆☆	制作关键
	本实例主要通过添加素材文件，调整合适位置，然后设置图层混合模式，最后添加镜头光晕效果，完成制作。
	技能与知识要点
	• "镜头光晕"命令　　　　　　　　　• "图层混合模式"的使用

具体步骤

01 置入素材。打开素材文件6-4-01.jpg，如左下图所示。置入素材文件6-4-02.jpg，并命名为"水墨圈"，如右下图所示。

02 移动至合适位置。选择工具箱中的"魔棒工具" ，单击图像中的白色区域，按【Delete】键删除，按【Ctrl+D】快捷键取消选区，如左下图所示。置入素材文件6-4-03.jpg，并命名为"人物"，如右下图所示。

03 载入选区。切换至"通道"面板，选择"红"通道，按【Ctrl】键单击该通道的缩览图，将其作为选区载入，如左下图所示。单击图层面板底部的"添加图层蒙版"按钮 ▢，如右下图所示。

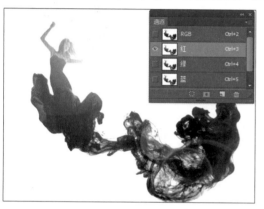

04 添加素材。选择工具箱中的"画笔工具" ✎，设置前景色为黑色，将图像中多余的水墨图像涂抹掉，如左下图所示。置入素材文件6-4-04.jpg，并命名为"荷花"，如右下图所示。

05 混合图层。设置"荷花"图层的混合模式为"正片叠底"，如左下图所示；混合图层后的效果如右下图所示。

[06] 添加镜头光晕。执行"滤镜→渲染→镜头光晕"命令，在弹出的"镜头光晕"对话框中设置相关参数，如左下图所示。设置完成后，单击"确定"按钮，最终效果如右下图所示。

在使用"光照效果"的滤镜时，若要在对话框内复制光源，可按【Ctrl+ Alt+F】快捷键，再拖动光源即可实现复制。

案例 05 合成浪漫红苹果场景

案例效果

		制作关键
本例难易度	★ ★ ☆ ☆ ☆	本实例主要通过调整苹果的轮廓，然后绘制线条与箭头，增添趣味性，最后复制图层并调整图像的色调，完成制作。
		技能与知识要点
		• "向前变形工具"命令　　　　　　• "自定形状工具"的使用

具体步骤

01 置入素材。打开素材文件6-5-01.jpg，如左下图所示。置入素材文件6-5-02.jpg，并命名为"图层1"，如右下图所示。

02 将苹果进行变形。执行"滤镜→液化"命令，在"液化"面板中选择"向前变形工具" ，相关参数设置如左下图所示。将鼠标指针移到苹果的边缘，按住鼠标左键向内进行拖动挤压，将其变形为心形，如右下图所示。

03 调整图像大小。按【Ctrl+T】快捷键弹出定界框，拖动控制点缩小图像，并移动至合适位置，如左下图所示。

04 绘制线条。选择工具箱中的"钢笔工具" ，在图像中绘制一条竖线，并设置前景色（R：91、G：69、B：75），单击"用画笔描边路径" ，效果如右下图所示。

 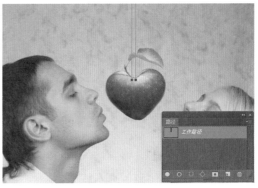

05 选择自定义形状工具。选择工具箱中的"加深工具" ，将苹果与直线进行涂抹处理，如左下图所示。选择工具箱中的"自定形状工具" ，单击选项栏中的"自定形状工具"按钮 ，在打开的形状下拉面板中选择"箭头3"样式，如右下图所示。

06 绘制形状。在"图层"面板中创建一个新图层为"图层2"，按住鼠标左键绘制图案，如左下图所示。设置前景色（R：111、G：111、B：111），单击"路径"面板中的"用前景色填充路径" ，如右下图所示。

07 复制图层。选择工具箱中的"加深工具" ，将苹果与箭头的边缘进行涂抹处理，如左下图所示。选择"图层1"，按三次【Ctrl+J】快捷键，得到"图层1副本"、"图层1副本2"、"图层1副本3，并使用"移动工具" ，分别移动至不同位置，按【Ctrl+T】快捷键调整图像大小，如右下图所示。

08 添加"高斯模糊"滤镜效果。按住【Ctrl】键分别单击"图层1副本"、"图层1副本2"、"图层1副本3"，按【Ctrl+E】快捷键合并为一个图层，执行"滤镜→模糊→高斯模糊"命令，在弹出的"高斯模糊"对话框中设置参数，如左下图所示。设置完成后，效果如右下图所示。

09 添加照片滤镜效果。单击"图层"面板底部的"创建新的填充或调整图层"按钮，在弹出的下拉菜单中选择"照片滤镜"，在弹出的"照片滤镜"对话框中设置相关参数，如左下图所示。设置完成后，最终效果如右下图所示。

照片滤镜

　　"照片滤镜"命令模仿以下方法：在相机镜头前面加彩色滤镜，以便调整通过镜头传输的光的色彩平衡和色温，使胶片曝光。"照片滤镜"命令还允许选择预设的颜色，以便向图像应用色相调整。如果读者希望应用自定颜色调整，则单击颜色色块，在弹出的"Adobe 拾色器"对话框中来指定颜色（即自定义滤镜颜色）。

案例 **06** 轻舞芭蕾特效

案例效果

Before

After

制作分析

本例难易度	★★★☆☆	制作关键
		本实例主要通过调整统一画面的色调，然后添加人物素材，强调整体的艺术氛围，最后结合彩色丝带为整个画面添加浪漫的效果，完成制作。
		技能与知识要点
		• "可选颜色"命令 • "色相/饱和度"命令

具体步骤

01 调整素材"亮度/对比度"。打开素材文件6-6-01.jpg，如左下图所示。复制"背景"图层，得到"背景 副本"图层，执行"图像→调整→亮度/对比度"命令，在弹出的"亮度/对比度"对话框中设置参数，如右下图所示。

02 调整图像色彩平衡。按【Ctrl+B】快捷键，弹出"色彩平衡"对话框，选中"中间调"单选按钮，参数设置如左下图所示；选中"高光"单选按钮，参数设置如右下图所示。

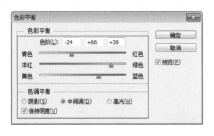 

03 调整图像的"色相/饱和度"。设置完成后，效果如左下图所示。执行"图像→调整→色相/饱和度"命令（色相/饱和度快捷键：【Ctrl+U】），打开"色相/饱和度"对话框，参数设置如右下图所示。

04 置入素材。设置完成后，效果如左下图所示。置入素材文件6-6-02.jpg，命名为"人物"，如右下图所示。

05 抠出人物轮廓。执行"选择→色彩范围"命令，弹出"色彩范围"对话框，将鼠标指针移动至预览区，当鼠标变成 ✐ 形状时单击图像白色背景，如左下图所示。按【Delete】键删除多余的背景，按【Ctrl+T】快捷键调整图像大小，如右下图所示。

06 调整图像色阶。执行"图像→调整→色阶"命令，或按【Ctrl+T】快捷键弹出"色阶"对话框，参数设置如左下图所示。执行"图像→调整→可选颜色"命令，弹出"可选颜色"对话框，参数设置如右下图所示。

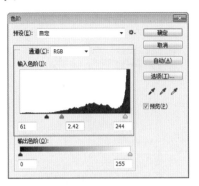

可选颜色

　　"可选颜色"校正是高端扫描仪和分色程序使用的一种技术，用于在图像中的每个主要原色成分中更改印刷色的数量，可以有选择地修改任何主要颜色中的印刷色数量，而不会影响其他主要颜色。例如，可以使用"可选颜色"校正显著减少图像绿色图素中的青色，同时保留蓝色图素中的青色不变。既使"可选颜色"使用CMYK颜色来校正图像，读者也可以在RGB图像中使用它。

07 置入素材。设置完成后，效果如左下图所示。置入素材文件6-6-03.jpg，如右下图所示。

08 调整图像色相/饱和度。命名为"纹理"，效果如左下图所示。按【Ctrl+U】快捷键，弹出"色相/饱和度"对话框，参数设置如右下图所示。

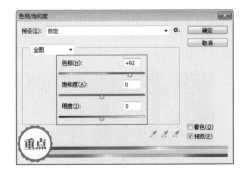

09 调整图像大小。按【Ctrl+T】快捷键调整图像大小，并移动至图像的左上角，如左下图所示。按【Ctrl+T】快捷键调出自由变换框，单击鼠标右键，在弹出的快捷菜单中选择"变形"选项，向内拖动控制点，进行变形处理，效果如右下图所示。

10 调整图像可选颜色。调整完成后单击【Enter】键，执行"图像→调整→可选颜色"命令，打开"可选颜色"对话框，设置参数，如左下图所示。调整完成后，最终效果如右下图所示。

大师
心得

　　在进行照片合成制作过程中，对局部进行增效和艺术化处理，能够更加突出原有图像效果，而从写实方面进行照片合成操作，设置的图像不能过于夸张，应遵循写实图像的本质，这样制作出的图像合成效果才能达到以假乱真。

案例 **07** 合成意境特效场景

制作分析

<table>
<tr><td rowspan="2">本例难易度</td><td colspan="2">制作关键</td></tr>
<tr><td>★
★
☆
☆
☆</td><td>本实例主要通过打开素材文件，然后使用图层混合合成意境效果，最后添加蝴蝶装饰图案，增加画面的层次感。</td></tr>
</table>

技能与知识要点		
• 图层混合模式的使用	• "自由变换"命令	• 合并图层

具体步骤

01 打开素材。打开光盘中的素材文件6-7-01.jpg，如左下图所示；打开光盘中的素材文件6-7-02.jpg，如右下图所示。

02 更改图层混合模式。按【Ctrl+A】快捷键全选图像，按【Ctrl+C】快捷键复制图像，切换到6-7-01.jpg文件中，按【Ctrl+V】快捷键粘贴图像，更名为"光限"，更改图层混合模式为"线性光"，如左下图所示；图像效果如右下图所示。

03 更改图层混合模式。打开光盘中的素材文件6-7-03.jpg，如左下图所示；复制粘贴到当前文件中，更名为"人物"，更改图层混合模式为"线性光"，如右下图所示。

04 打开素材。打开光盘中的素材文件6-7-04.jpg，如左下图所示；选中蝴蝶对象，复制粘贴到当前文件中，更名为"蝴蝶"，如右下图所示。

05 变换大小。按【Ctrl+T】快捷键，执行"自由变换"命令，缩小蝴蝶尺寸，并调整蝴蝶的方向，如左下图所示。

06 复制对象。复制多个蝴蝶对象，执行"自由变换"命令，分别调整每只蝴蝶的大小和方向，如右下图所示。

按住【Alt】键拖动对象，可以快速复制目标对象，复制对象位于新图层中；为对象创建选区后，按住【Alt】键拖动对象，可以快速复制目标对象，并且不会生成新图层。

07 填充图形颜色。选中所有蝴蝶图层，按【Ctrl+E】快捷键合并图层，更名为"蝴蝶"。更改图层混合模式为"明度"，如左下图所示；最终效果如右下图所示。

案例 **08** 合成未来科技效果

案例效果

Before

After

本例难易度	制作关键
★★ ★★ ★☆ ☆	本实例主要通过将人物素材添加到背景图像中，然后创建自定义画笔并绘制图形，整体的蓝色调和散布的光点让画面具有时尚感和未来感，最后为光晕添加"外发光"效果，完成制作。
	技能与知识要点
	• "定义画笔预设"命令　　　　　　　　• "描边"命令

具体步骤

01 打开素材。打开素材文件6-08-01.jpg，如左下图所示。置入素材文件6-8-02.jpg，选择工具箱中的"魔棒工具"，单击白色背景，如右下图所示。

02 调整曲线形状。按【Delete】键删除白色区域，按【Ctrl+U】快捷键，在弹出的"色相/饱和度"中，设置参数，如左下图所示。执行"图像→调整→曲线"命令（曲线快捷键：【Ctrl+M】），打开"曲线"对话框，调整曲线形状，如右下图所示。

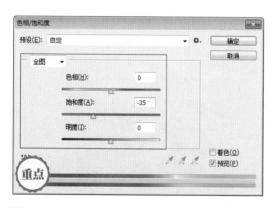
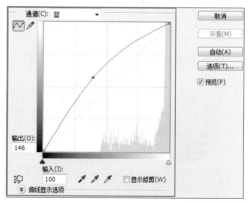

03 添加人物外发光。设置完成后，效果如左下图所示，双击6-8-02图层，在弹出的"图层样式"对话框中选择"外发光"选项，参数设置如右下图所示。

 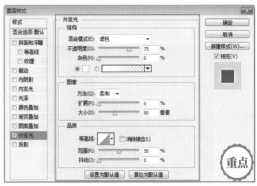

04 新建文档。设置完成后，效果如左下图所示。按【Ctrl+T】快捷键，新建一个宽度与高度分别为5厘米、分辨率为200像素/英寸、背景内容为"透明"的文档；设置前景色为黑色，选择工具箱中的"圆角矩形工具" ，在选项栏中设置"半径"为25像素，按住左键拖动鼠标创建圆角矩形。

05 描边路径。切换至"通道"面板，右击"工作路径"，在弹出的快捷菜单中选择"描边路径"，在弹出的"画笔名称"对话框中选择"画笔"选项，单击"确定"按钮后，效果如右下图所示。

 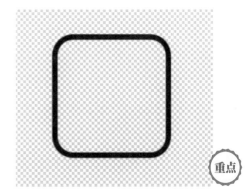

06 存储画笔预设。执行"编辑→定义画笔预设"命令，在弹出的"画笔名称"对话框中，单击"确定"按钮，选择工具箱中的"画笔工具" ，按【F5】键，在弹出的"画笔"面板中选择刚刚存储的画笔，其他参数设置如左下图所示。选择"形状动态"选项，参数设置如右下图所示。

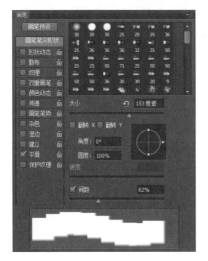 

07 设置画笔参数。选择"散布"选项，参数设置如左下图所示。设置前景色（R：20、G：72、B：130），创建一个新图层为"图案"，在图像中创建图案，效果如右下图所示。

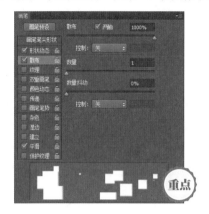

08 置入素材。置入素材6-8-03.jpg，如左下图所示。选择工具箱中的"魔棒工具" ，单击白色背景，按【Delete】键删除白色区域；按【Ctrl+T】快捷键调整至合适大小，如右下图所示。

09 绘制光影。创建一个新图层为"光影"，选择工具箱中的"钢笔工具" ，绘制椭圆形状；按【Ctrl+Enter】快捷键将路径转换为选区，并设置前景色为白色，按【Alt+Delete】快捷键填充前景色，效果如左下图所示。

10 添加外发光样式。双击"光影"图层，在弹出的"图层样式"对话框中选择"外发光"选项，设置外发光颜色（R：245、G：247、B：47），其他参数如右下图所示。

11 复制光影。设置完成后，效果如左下图所示。复制"光晕"图层，得到"光晕副本"图层，按【Ctrl+T】快捷键旋转图像，效果如右下图所示。

12 创建圆形轮廓。创建一个新图层为"圆圈"，选择工具箱中的"椭圆选框工具"，在图像中创建椭圆选区，设置前景色为白色，按【Alt+Delete】快捷键填充，效果如左下图所示。

13 添加外发光样式。双击"圆圈"图层，在弹出的"图层样式"对话框中，选择"外发光"选项，设置外发光颜色（R：99、G：253、B：113），其他参数如右下图所示。

14 创建圆形光影。设置完成后，复制"圆圈"图层，并按【Ctrl+T】快捷键旋转图像，效果如左下图所示。单击图层面板底部的"添加图层蒙版"按钮 ⬚，设置前景色为黑色，使用"画笔工具" ✐，将多余的区域涂抹掉，完成效果如右下图所示。

在制作创意合成效果时，读者需对图像的基本合成方法有一定的掌握，在合成过程中，读者也可以适当加入相关元素的素材或者文字，使画面更加丰富。

案例 09 制作趣味儿童大头贴

案例效果

Before

After

好开 ❤ 哦！　　小公主驾到

制作分析

本例难易度	制作关键		
★★★☆☆	本实例首先打开背景素材，依次将人物素材添加到文件中并去除照片背景，然后使用选取工具与"自由变换"命令相结合制作出头大身体小的效果，最后添加装饰元素和字幕，完成制作。		
	技能与知识要点		
	• 横排文字工具	• 快速选择工具	• 自定形状工具

具体步骤

01 打开素材。打开素材文件6-9-01.jpg，效果如左下图所示。

02 置入素材。执行"文件→置入"命令，置入素材文件6-9-02.jpg；右击"6-9-02"图层，选择"栅格化"命令，效果如右下图所示。

03 创建并删除选区内容。使用"快速选择工具" 将人物背景创建为选区，按【Delete】键删除背景内容，并按【Ctrl+D】取消选区，效果如左下图所示。

04 将人物身体部分创建为选区。使用"快速选择工具" 将人物身体部分创建为选区，效果如右下图所示。

05 缩小身体部分。按【Ctrl+T】快捷键执行自由变换，等比例缩小身体部分，并调整到合适的位置，效果如左下图所示。

06 移动人物。按【Ctrl+D】快捷键取消选区,使用"移动工具" 将人物移动到画面左下角，效果如右下图所示。

07 置入新素材。执行"文件→置入"命令，置入素材文件6-9-03.jpg；右击"6-9-03"图层，选择"栅格化"命令，效果如左下图所示。

08 创建并删除选区内容。使用"磁性套索工具" 将人物背景创建为选区，按【Delete】键删除背景内容，并按【Ctrl+D】取消选区，效果如右下图所示。

09 调整第2张人物的身体大小。使用任意选取工具将人物身体部分创建选区，并执行"自由变换"命令调整身体的大小；取消选区后将第2张人物素材移动到画面左上方，效果如左下图所示。

10 设置文字样式。选择工具箱中的"横排文字工具" T.，在选项栏设置"字体"为"方正喵呜体"，"字体大小"为72点，字体颜色为桃红色（R：254、G：0、B：90），如右下图所示。

11 输入文字。设置字体大小为48，在画面左上方输入文字；创建新图层，得到"图层1"，如左下图所示。

12 添加图形元素。选择"自定形状工具"，在选项栏选择"红心形卡"图像，颜色为桃红色（R：254、G：0、B：90），在画面中绘制图形，最终效果如右下图所示。

案例 **10** 合成插画人物

案例效果

制作分析

制作关键		
本例难易度 ★ ★ ★ ☆ ☆ ☆	本实例通过将素材移动至背景中，删除多余的图像，保留选区图像，然后对选区进行设置，最后添加人物合成特效，完成矢量插画人物效果的制作。	
技能与知识要点		
• 自由变换工具	• 复制图层	• 移动工具

具体步骤

01 打开素材。打开素材文件6-10-01. jpg文件，如左下图所示。打开素材文件6-10-02. jpg，如右下图所示。

02 添加"人物"素材。使用"移动工具" 将人物图像移动至背景图中；选择"魔棒工具" 对人物中多余的图像进行选取，按【Delete】键删除，保留人物轮廓，如左下图所示。

03 创建选区。选择"图层"面板中的"背景"图层，按【Ctrl+J】快捷键，得到"背景 副本"图层，并移动至"图层1"上，使用"魔棒工具" 选取白云轮廓，执行"选择→反向"命令，如右下图所示。

04 删除选区内容。按【Delete】键删除，保留白云轮廓，效果如左下图所示。

05 打开素材。打开素材文件6-10-03. jpg，如右下图所示。

06 调整素材位置。使用"移动工具" ⊕ 将花鸟图像移动至图像中，按【Ctrl+T】快捷键调整图像大小并旋转方向，如左下图所示。

07 调整素材。使用"套索工具" ⌒ 选择小鸟的轮廓，复制并移动至图像白云的位置上，图像最终效果如右下图所示。

案例 **11** 合成狮王特效

案例效果

制作分析

制作关键
本实例主要通过对狮头添加阴影营造出立体的效果，然后添加图层样式制作出半圆环背景，最后分别添加鲜花、树叶等素材并移动至合适位置，使画面具有层次感，完成制作。
技能与知识要点
• "色彩范围"命令　　　　• "图案叠加"命令　　　　• 图层混合模式的使用

本例难易度 ★★★★☆

具体步骤

01 打开素材。打开素材文件6-11-01.jpg，如左下图所示。打开素材文件6-11-02.jpg，双击"背景"图层，进行解锁，如右下图所示。

02 调整色彩范围。执行"选择→色彩范围"命令，弹出"色彩范围"对话框，将鼠标指针移至图像预览区，当鼠标变成 🖉 形状时单击图像黑色背景，如左下图所示。

03 创建狮子头部的选区。设置完成后，单击"确定"按钮，选择工具箱中的"快速选择工具" 🖉 将狮子脸部的眼睛、鼻子等部位涂抹掉，按【Shift+Ctrl+I】快捷键反选图像，如右下图所示。

04 加深狮子脸部的阴影效果。按【Delete】键删除背景，使用"移动工具" 🖿 将狮子移动至人物图像中，按【Ctrl+T】快捷键调整至合适大小，如左下图所示。选择工具箱中的"加深工具" 🖢，对狮子的胡须进行加深处理，效果如右下图所示。

05 创建背景半圆环轮廓。复制"背景"图层，得到"背景副本"，使用"加深工具" ，对右侧衣领位置进行加深处理，效果如左下图所示。选择工具箱中的"钢笔工具"，勾勒出背景半圆环的轮廓，如右下图所示。

06 填充选区并设置图层混合模式。创建一个图层组，命名为"背景"，在图层组中创建一个新图层为"半圆环"，设置前景色值（R：41、G：92、B：35），按【Ctrl+Enter】快捷键将路径转换为选区；按【Alt+Delete】快捷键填充前景色，效果如左下图所示。设置"半圆环"图层混合模式为"颜色"，效果如右下图所示。

07 添加内阴影与立体效果。双击"半圆环"图层，在弹出的"图层样式"对话框中选择"内阴影"选项，参数设置如左下图所示。选择"斜面和浮雕"选项，参数设置如右下图所示。

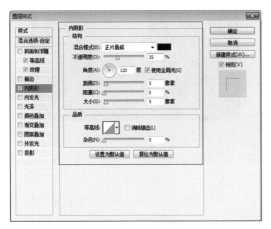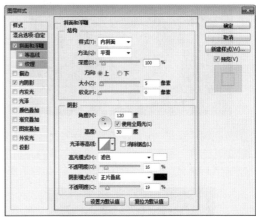

08 添加等高线和渐变叠加渐变效果。选择"等高线"选项，参数设置如左下图所示。选择"渐变叠加"选项，参数设置如右下图所示。

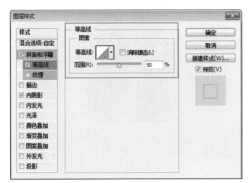

09 添加图案叠加与光泽效果。选择"图案叠加"选项，参数设置如左下图所示。选择"光泽"选项，参数设置如右下图所示。

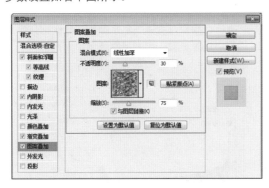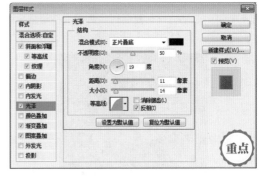

10 添加鲜花素材。设置完成后，效果如左下图所示。执行"文件→置入"命令，置入素材文件6-11-03.jpg，命名为"鲜花"，如下图所示。

11 复制树叶素材。分别将鲜花素材移动至左右两侧位置，单击"图层"面板底部的"添加图层蒙版"按钮 ，选择"画笔工具" ，设置前景色为黑色，将多余的背景涂抹掉，效果如左下图所示。置入素材文件6-11-04.jpg，并命名为"树叶"，如右下图所示。

> 使用"画笔工具"编辑图层蒙版时，适当降低画笔的不透明度，通过反复绘制可以加强蒙版的效果，并创建丰富的层次感。

12 复制并移动素材。复制树叶素材，移动至合适位置，执行"编辑→变换→水平翻转"命令，效果如左下图所示。按【Ctrl+L】快捷键，在弹出的"色阶"对话框中设置参数，如右下图所示。

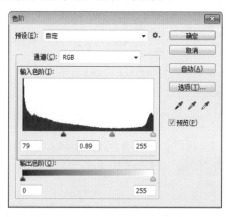

13 添加皇冠素材。设置完成后，置入素材文件6-11-05.jpg，并命名为"皇冠"，如左下图所示。按【Ctrl+T】快捷键调整至合适大小，并移动至合适位置，如右下图所示。

14 将狮头进行变形处理。选择"狮头"图层，按【Ctrl+T】快捷键弹出自由变换框，右击鼠标，在弹出的快捷菜单中选择"变形"，拖动四周控制点进行变形处理，效果如左下图所示。按【Ctrl+L】快捷键，在弹出的"色阶"对话框中设置参数，如右下图所示。

 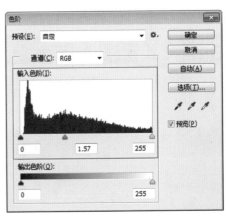

15 设置液化滤镜参数。设置完成后，效果如左下图所示。执行"滤镜→液化"命令，在弹出的"液化"面板中选择"湍流工具" ≋，设置参数，如右下图所示。

16 对四肢进行变形处理。将鼠标指针移动到手臂、肩膀等部位，向外拖动，使之增加壮硕的效果，如左下图所示。设置完成后，使用"减淡工具" 涂抹鼻头、眼眶等高光部位，增加立体效果，完成效果如右下图所示。

案例 12 合成海洋世界

案例效果

制作分析

制作关键

本例难易度	
★★★★☆	本实例首先选择合适的素材，接下来对素材进行整合，调整大小和位置，并进行变换处理，最后使用调整图层统一整体色调，完成整体制作。

技能与知识要点

- "色彩平衡"命令
- 渐变工具
- 图层蒙版
- 魔棒工具

具体步骤

01 打开素材。打开素材文件6-12-01.jpg，如左下图所示。

02 调整色彩平衡。按【Ctrl+B】快捷键，在弹出的"色彩平衡"对话框中，设置"中间调"的色阶值（+30，-56，+6），单击"确定"按钮，如右下图所示。

03 勾勒出海豚轮廓。打开素材文件6-12-02.jpg，选择"钢笔工具" 沿着海豚的轮廓创建路径，按【Ctrl+Enter】快捷键将路径转换为选区，如左下图所示。

04 复制粘贴对象。将选区内容移动至当前图像中，按【Ctrl+T】快捷键调整至合适大小，按【Enter】键确定，如右下图所示。

05 绘制曲线路径。新建一个图层组，并命名为"曲线"；新建图层，命名为"身体曲线"；使用"钢笔工具" ✎在海豚身上绘制曲线路径，如下左图所示。

06 填充渐变色。按【Ctrl+Enter】快捷键将路径转换为选区，设置前景色为白色、背景色值为（R：198、G：183、B：170），选择"渐变工具" ▣，在选项栏单击"线性渐变" ▣按钮，由左下角向右上角拖动鼠标创建渐变效果，效果如右下图所示。

07 创建曲线阴影。新建图层，命名为"曲线阴影"，并移动至"身体曲线"下方。按照相同的操作方法，绘制出阴影选区，设置前景色（R：0、G：55、B：82），按【Alt+Delete】快捷键填充颜色；设置图层混合模式为"正片叠底"，不透明度为"50%"，效果如左下图所示。

08 添加图层蒙版。选择"曲线"图层组，单击"图层"面板底部的"添加图层蒙版"按钮 ▣ ，选择工具箱中的"画笔工具" ✐，在图像中涂抹多余的区域，效果如右下图所示。

09 打开素材。打开素材文件6-12-03.jpg，选择工具箱中的"魔棒工具" ✶，单击蓝色背景区域，按【Shift+Ctrl+I】快捷键进行反选，如左下图所示。

10 复制对象。将选区内容拖动至当前图像中，按【Ctrl+J】快捷键进行复制，并分别移动至合适位置，效果如右下图所示。

11 调整色阶。按【Ctrl+L】快捷键，在弹出的"色阶"对话框中设置相关参数，单击"确定"按钮，如左下图所示。

12 打开素材。打开光盘中的素材文件6-12-04.psd，如右下图所示。

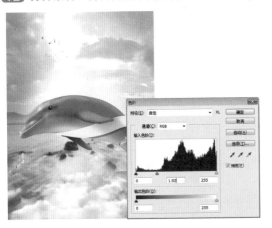 

13 添加建筑素材。新建图层组"建筑"，将6-12-04.psd中的建筑素材分别移动至当前图像中，按【Ctrl+T】快捷键调整至合适位置，按【Enter】键确定变换，效果如左下图所示。

14 添加植物素材。新建图层组"植物"，将6-12-04.psd中的植物素材分别移动至当前图像中，单击"图层"面板底部的"添加图层蒙版"按钮 ，选择工具箱中的"画笔工具" ，在图像中涂抹多余的区域，如右下图所示。

15 添加鲜花素材。新建图层组"鲜花"，将6-12-04.psd中的鲜花素材分别移动至当前图像中，效果如左下图所示。创建"颜色查找"调整图层，设置"3DLUT文件"为"35trip.look"，效果如右下图所示。

 ## 上机实战——跟踪练习成高手

通过前面内容的学习，相信读者对Photoshop的通道、蒙版、图层已有所认识和掌握，为了巩固前面知识与技能的学习，下面安排一些典型创意合成实例，让读者自己动手，根据光盘中的素材文件与操作提示，独立完成这些实例的制作，达到举一反三的学习目的。

 为了方便学习，本节相关实例的素材文件、结果文件，以及同步教学文件可以在配套的光盘中查找，具体内容路径如下。

原始素材文件：光盘\素材文件\第6章\上机实战
最终结果文件：光盘\结果文件\第6章\上机实战
同步教学文件：光盘\多媒体教学文件\第6章\上机实战

实战 **01** 打造逼真拍摄现场

实战效果

Before

After

操作提示

制作关键
本实例中主要通过对"背景"图层进行"高斯模糊"处理，然后将置入素材调整至相机屏幕大小，最后删除多余区域，完成制作。
技能与知识要点
• "高斯模糊"命令　　　　　　　　　　• "魔棒工具"的使用

本例难易度 ★★★☆☆

主要步骤

01 复制图层添加"高斯模糊"滤镜效果。打开素材文件6-1-01.jpg，复制"背景"图层，得到"背景副本"图层；选择"背景"图层，执行"滤镜→模糊→高斯模糊"命令，在弹出的"高斯模糊"对话框中设置"半径"为4.6像素。

02 加深双手区域。设置完成后，隐藏"背景 副本"图层，置入素材6-1-02.jpg，选择"魔棒工具"，单击图像中的白色区域，按【Delete】键进行删除；使用"加深工具"，涂抹双手区域，进行加深处理，使其效果更加自然。

03 调整并删除区域。单击"背景 副本"图层，按【Ctrl+T】快捷键调整至相机屏幕大小，选择"矩形选框工具"，框选相机屏幕中的图像区域，按【Shift+Ctrl+I】快捷键进行反选，按【Delete】键删除多余选区，完成制作。

大师心得　　对于本实例，对"背景"图层进行高斯模糊处理，目的是为了突出相机中所拍摄的画面。设置的高斯模糊数值越大，图像就越模糊。

实战 02 飞翔的小神童

实战效果

Before

After

操作提示

		制作关键
本例难易度	★★★☆☆☆	本实例主要通过添加素材，然后移动至合适位置，再添加鲜花丰富画面效果，完成制作。
		技能与知识要点
		• "色彩范围"命令　　　　　　• "画笔工具"的使用

主要步骤

01 添加素材。打开素材文件6-2-01.jpg，置入素材文件6-2-02.jpg，移动至右侧；置入素材文件6-2-03.jpg，按【Ctrl+T】快捷键调整图像大小，如左下图所示。

02 设置色彩范围。打开素材文件6-2-04.jpg，执行"选择→色彩范围"命令，在弹出的"色彩范围"对话框中，将鼠标指针移动到图像预览区，当鼠标变成 🖊 形状时单击图像白色背景，如右下图所示。

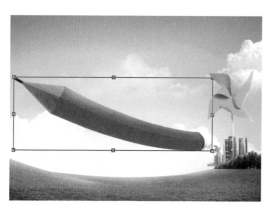
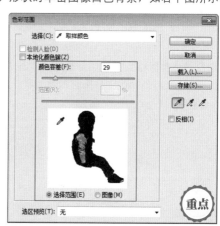

03 水平翻转。将其移动至当前图像中，按【Ctrl+T】快捷键，右击鼠标，在弹出的快捷菜单中选择"水平翻转"选项，如左下图所示。

04 制作阴影。新建图层，命名为"阴影"，选择"画笔工具" 🖌，在其选项栏中设置画笔样式为"柔边圆"、大小为58像素、"不透明度"为20%，按住鼠标在人物下面进行涂抹，制作出阴影的效果，如右下图所示。

05 添加人物素材。置入素材文件6-2-05.jpg，按【Ctrl+T】快捷键调整图像大小，如左下图所示。置入素材文件6-2-06.jpg，按【Ctrl+J】快捷键复制图层，设置前景色为黑色，单击"图层"面板底部的"添加图层蒙版"按钮 ，使用"画笔工具" ，将多余的花朵区域涂抹掉，最终效果如右下图所示。

实战 **03** 梦幻的迷你宝贝

实战效果

操作提示

	制作关键
本例难易度 ★★★★☆	本实例主要抠取出儿童的轮廓，然后移动至图像中，最后添加羽毛素材并设置图层混合模式，完成制作。
	技能与知识要点
	• "色彩范围"命令

主要步骤

01 调整色彩范围。打开素材文件6-3-01.jpg，执行"选择→色彩范围"命令，在弹出的"色彩范围"对话框中，将鼠标指针移动到图像预览区，当鼠标变成 🖊 形状时单击图像白色背景，如左下图所示。

02 调整图层蒙版。单击"确定"按钮后，保持选区不变，复制"背景"图层，得到"背景 副本"图层，添加图层蒙版，并隐藏"背景"图层，按【Alt】键单击"图层蒙版"，设置前景色为黑色，涂抹人物区域，按【Shift+Ctrl+I】快捷键进行反选，如右下图所示。

抠图的方法有多种，在这里不多讲解，需注意的是，在抠取人物轮廓（如头发、羽毛等边缘不明显的区域）时，可降低画笔不透明度进行仔细涂抹，保留其细节，这样抠取的人物轮廓才具有灵活性。

03 设置图层样式。再次按【Alt】键单击"图层蒙版"，打开6-3-02.jpg图像文件，将图层拖动到该文件中。按【Ctrl+T】快捷键调整大小，如左下图所示。双击"天使"图层，在弹出的"图层样式"对话框中选择"外发光"选项，参数设置如右下图所示。

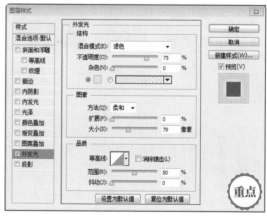

04 添加素材。设置完成后，效果如左下图所示，置入素材文件6-3-03.jpg，设置其图层混合模式为"变亮"，完成制作，最终效果如右下图所示。

实战 **04** 夜色中的童话

实战效果

Before　　　After

操作提示

	制作关键
本例难易度 ★★★☆☆	本实例主要通过制作吊挂在夜空中的星星并添加"外发光"效果，然后绘制月亮，最后添加人物素材，完成制作。
	技能与知识要点
	• "多边形工具"的使用　　　　• "钢笔工具"的使用

主要步骤

01 绘制白云形状。打开素材文件6-4-01.jpg，创建一个新图层，命名为"白云"，选择工具箱中的"画笔工具" ✐，在选项栏中设置画笔样式为"柔边机械100"、"不透明度"为50%，在图像中绘制白云形状。

02 设置多边形参数。创建一个新图层，命名为"星星"，设置前景色值为（R：255、G：219、B：69），选择工具箱中的"多边形工具" ⬡，单击其选项栏中的"几何选项"按钮⚙，打开一个下拉面板，勾选"星形"复选框，缩进边依据为35%。

03 绘制星星形状。设置完成后，绘制大小不一的星星，按【Ctrl+Enter】快捷键将路径转换为选区，按【Alt+Delete】快捷键填充选区颜色，如左下图所示。

04 添加外发光效果。选择工具箱中的"减淡工具" 🔍，涂抹星星的中间区域，制作出高光效果；双击"星星"图层，在弹出的"图层样式"对话框中选择"外发光"选项，参数设置如右下图所示。

05 绘制星星上方的线条。为了制作出星星吊挂在夜空的效果，可选择工具箱中的"钢笔工具" ✒，在星星上方绘制出线条，如左下图所示。创建一个新图层，命名为"线条"，选择工具箱中的"画笔工具" 🖌，按【F5】键，在弹出的"画笔"面板中选择画笔样式为"硬边机械"，其他参数设置如右下图所示。

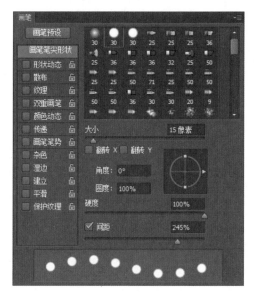

06 添加外发光效果。设置前景色为白色，切换至"路径"面板，单击"路径"面板底部的"用画笔描边路径"按钮 ⭕，双击"线条"图层，在弹出的"图层样式"对话框中选择"外发光"选项，设置外发光颜色值为（R：5、G：246、B：237），其他参数设置如左下图所示，效果如左下图所示，效果如右下图所示。

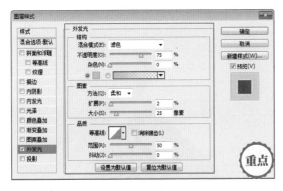 

07 绘制月亮形状。设置完成后，创建一个新图层，命名为"月亮"，设置前景色值为（R：245、G：211、B：20）；选择工具箱中的"钢笔工具" ✐，绘制出月亮的形状， 按【Ctrl+Enter】快捷键将路径转换为选区，按【Alt+Delete】快捷键填充前景色。

08 加深处理。选择工具箱中的"加深工具" ◔，涂抹月亮边缘区域，增加月亮的立体感；置入素材文件6-4-02.jpg，并移动至月亮中，完成制作。

本 章 小 结

　　本章主要讲解创意合成的制作方法。Photoshop中创意合成是图像设计中最重要的功能之一。图像合成不是简单的拼凑，而是将所有的素材有组织、有规律地修饰、融合在一起，起到化腐朽为神奇的效果。Photoshop功能强大、变化性强，读者应该将所学的知识延伸使用，创作出富有生命力的作品。

神奇的特效艺术字设计

第 7 章

本章导读

　　艺术字特效设计在广告、包装等平面设计中，运用十分广泛。文字的形式和效果在设计中占据了非常重要的地位，甚至可以决定整体效果的好坏。通过本章的学习，使读者熟练掌握多种特效字的制作方法与处理技巧，创作出丰富多彩的艺术字体。

同步训练——跟着大师做实例

艺术字的应用范围非常广泛，表现形式多种多样，下面将介绍特效艺术字的制作方法，通过本章的学习，希望读者掌握多种特效文字的制作方法，为今后的广告、包装等平面设计打下基础。

 为了方便学习，本节相关实例的素材文件、结果文件，以及同步教学文件可以在配套的光盘中查找，具体内容路径如下。

 原始素材文件：光盘\素材文件\第7章\同步训练
最终结果文件：光盘\结果文件\第7章\同步训练
同步教学文件：光盘\多媒体教学文件\第7章\同步训练

案例 01 巧克力文字

案例效果

制作分析

	制作关键
本例难易度 ★★★☆☆	本实例主要通过输入文字，绘制形状并填充，然后对其添加"斜面与浮雕"、"纹理"、"内发光"等图层样式制作出巧克力的质感，最后复制并粘贴图层样式，完成制作。
	技能与知识要点
	• "形状工具"命令　　　　• "图层样式"的使用

具体步骤

01 新建文件。按【Ctrl+N】快捷键，在弹出的"新建"对话框中，设置"宽度"为9像素、"高度"为8像素、"分辨率"为300像素/英寸，单击"确定"按钮，如左下图所示。

02 输入文字。选择工具箱中的"横排文字工具" T，输入"LOVE"，在选项栏中设置字体颜色值为（R：109、G：46、B：4）字体样式、大小如右下图所示。

03 创建形状。选择工具箱中的"自定形状工具"，在选项栏中，选择"路径"选项，在"形状"下拉列表框中，单击"红心形卡"图标，如左下图所示。拖动鼠标绘制心形路径，效果如右下图所示。

04 填充颜色。按【Ctrl+Enter】快捷键，将路径转换为选区，新建"图层2"，填充颜色值（R：109、G：46、B：4），如左下图所示。效果如右下图所示。

05 增加立体效果。双击文字图层，在弹出的"图层样式"对话框中，选择"斜面和浮雕"选项，设置相关参数，如左下图所示。选择"等高线"选项，单击"等高线"缩览图，打开"等高线"面板，单击选择"画圆步骤"等高线图标，调整等高线节点，如右下图所示。

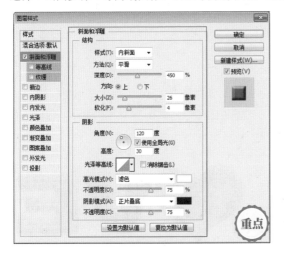

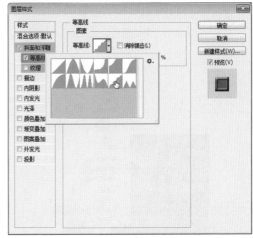

06 设置内发光效果。选择"内发光"选项，发光颜色值为（R：87、G：48、B：25），其他参数设置为左下图所示。

07 增加投影效果。选择"投影"选项，设置相关参数。设置完成后单击"确定"按钮，关闭对话框，如右下图所示。

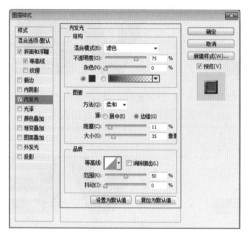 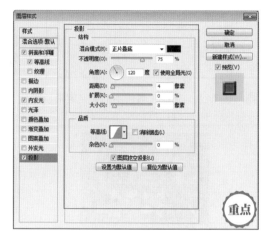

08 复制图层样式。为文字添加图层新式后，效果如左下图所示；右击文字图层，在打开的的快捷菜单中，选择"拷贝图层样式"命令，如右下图所示。

09 粘贴图层样式。右击"图层2"，在弹出快捷菜单中，选择"粘贴图层样式"命令，如左下图所示；最终效果如右下图所示。

 **图层样式的编辑**

在图层样式中的任意位置右击，会弹出编辑图层样式的快捷菜单，对图层样式的启用或停用，拷贝、粘贴、清除图层样式等内容。这些对图层样式的编辑命令使图层样式的使用变得更加灵活、快捷。

案例 02 透明文字

案例效果

制作分析

	制作关键
本例难易度 ★★★☆☆	本实例主要通过置入素材，然后调整人物色调，最后添加素材并设置图层混合模式，完成制作。
	技能与知识要点
	• "色彩范围"命令　　　　　　• 添加图层蒙版

具体步骤

01 新建文档。按【Ctrl+N】快捷键，在弹出的"新建"对话框中，设置"宽度"为600像素，"高度"为400像素，"分辨率"为300像素/英寸，单击"确定"按钮，如右图所示。

02 填充渐变背景。选择工具箱中的"渐变工具" ■，单击选项栏中的色块，弹出"渐变编辑器"对话框，设置从左至右颜色值为（R：136、G：168、B：22）、（R：225、G：233、B：197），在选项栏中选择"径向渐变" ■，在图像的中心位置向左下角拖动鼠标，为"背景"图层填充渐变色，如左下图所示。

渐变

在使用"渐变编辑器"设置渐变颜色时，用户可根据需要将一组预设渐变存储为库。在"渐变编辑器"对话框中单击"存储"按钮，或从选项栏中的"渐变"拾色器菜单中选择"存储渐变"选项，选取渐变库的位置，并输入文件名，然后单击"确定"按钮即可。

03 输入文字。选择工具箱中的"横排文字工具" T，在图像中输入"GREEN"，在选项栏中设置字体颜色为白色，并设置字体样式、大小，如左下图所示。

04 设置图层样式。双击文字图层，弹出"图层样式"对话框，设置相关参数，如右图所示。

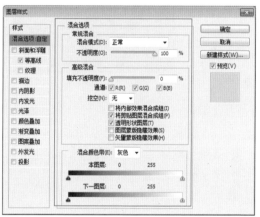

05 添加投影和内阴影效果。选择"投影"选项，设置相关参数，如左下图所示。选择"内阴影"选项，设置内阴影的颜色值（R：136、G：168、B：22），其他参数设置如右下图所示。

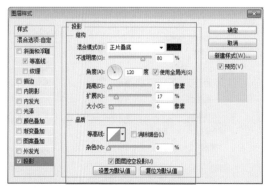

06 添加外发光与立体效果。选择"外发光"选项，设置相关参数，如左下图所示。选择"斜面和浮雕"选项，设置相关参数，如右下图所示。

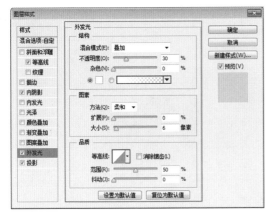 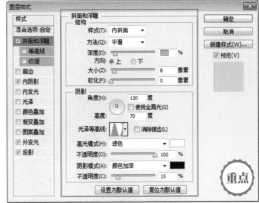

07 添加等高线和光泽效果。选择"等高线"选项，设置相关参数，如左下图所示。选择"光泽"选项，设置相关参数，如右下图所示。

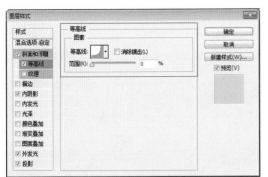 

08 添加颜色叠加效果。选择"颜色叠加"选项，设置相关参数，如左下图所示。设置完成后，单击"确定"按钮，最终效果如右下图所示。

案例 **03** 彩色马赛克文字

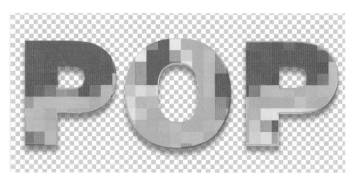

本例难易度 ★★★☆☆	制作关键
	本实例主要通过制作云彩背景，然后添加马赛克效果，并设置渐变颜色，最后输入文字并对其添加"投影"、"斜面与浮雕"效果，完成制作。
	技能与知识要点
	• "云彩"命令　　　　• "马赛克"命令　　　　• "渐变映射"命令

01 新建文档。按【Ctrl+N】快捷键，在弹出的"新建"对话框中，设置"宽度"为5厘米，"高度"为6厘米，"分辨率"为300像素/英寸，单击"确定"按钮，如左下图所示。

02 添加"云彩"滤镜效果。设置前景色为白色，背景色为黑色，执行"滤镜→渲染→云彩"命令，如右下图所示。

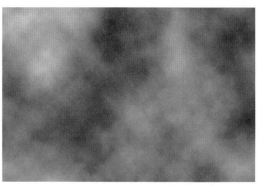

云彩

　　"云彩"滤镜使用介于前景色与背景色之间的随机值，生成柔和的云彩图案。要生成色彩较为分明的云彩图案，按【Alt】键后执行"云彩"滤镜。

03 添加"马赛克"滤镜效果。执行"滤镜→像素化→马赛克"命令，弹出"马赛克"对话框，设置"单元格大小"为20方形，如左下图所示。设置完成后，单击"确定"按钮，效果如右下图所示。

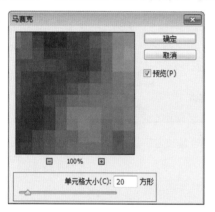

04 设置渐变颜色。执行"图像→调整→渐变映射"命令，弹出"渐变编辑器"对话框，选择渐变样式颜色为白色（R：255、G：255、B：255）、蓝色（R：11、G：37、B：133）、红色（R：130、G：11、B：14），如左下图所示。单击"确定"按钮，关闭"渐变映射"对话框，效果如右下图所示。

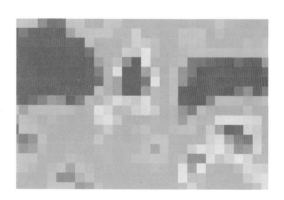

渐变映射

　　渐变映射是作用于其下图层的一种调整控制，它是将不同亮度映射到不同的颜色上。使用"渐变映射"可以应用渐变重新调整图像，应用于原始图像的灰度细节，加入所选的颜色。

05 输入文字。选择工具箱中的"横排文字蒙版工具" ，在选项栏中设置字体大小、颜色、样式，输入文字"POP"，如左下图所示。

06 添加阴影效果。输入蒙版文字后，按【Ctrl+J】快捷键，复制图层，将新图层命名为"图层1"，单击"图层"面板底部的"添加图层样式"按钮 *fx.*，在弹出的菜单中选择"投影"选项，弹出"图层样式"对话框，相关参数设置如右下图所示。

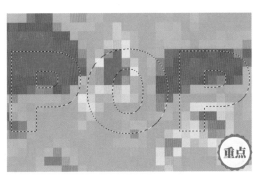

07 添加立体效果。选择"斜面与浮雕"选项，相关参数设置如左下图所示。设置完成后，单击"确定"按钮。隐藏"背景"图层，最终效果如右下图所示。

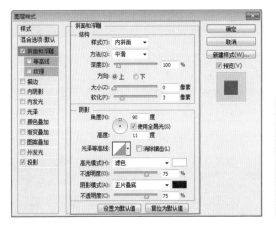

案例 **04** 沙粒文字

案例效果

本例难易度	制作关键
★★★☆☆	本实例首先是制作沙粒的背景，然后输入文字并添加"投影"、"斜面与浮雕"图层样式，最后添加"光照效果"滤镜突出沙粒文字的质感，完成制作。
	技能与知识要点
	• "色彩范围"命令　　　　　　　• 添加图层蒙版

具体步骤

`01` 新建文档。按【Ctrl+N】快捷键，在弹出的"新建"对话框中，设置"宽度"为600像素、"高度"为300像素、"分辨率"为300像素/英寸，单击"确定"按钮；设置前景色（R：164、G：134、B：89），按【Alt+Delete】快捷填充颜色，如左下图所示。

`02` 添加砂石效果。执行"滤镜→纹理→纹理化"命令。在弹出的"纹理化"对话框中设置参数，如右下图所示。

`03` 添加杂色效果。执行"滤镜→杂色→添加杂色"命令，在弹出的"添加杂色"对话框中设置参数，如左下图所示。设置完成后，效果如右下图所示。

大师心得

　　"添加杂色"命令是在图像上按照像素形态产生杂点，从而表现出陈旧的感觉。在设置其数量时，数值不宜过大，因为设置的数值越大，杂点的数量越多，画面整体越杂乱，另外，注意在设置时单击"分布"选项组中的"平均分布"单选按钮，这样添加的杂色将按照一定的形态生成杂点。

04 添加"云彩"滤镜效果。创建一个新图层，命名为"图层1"。按【D】键恢复默认的前景色和背景色，执行"滤镜→渲染→云彩"命令，如左下图所示。设置"图层1"的图层混合模式为"正片叠加"，如右下图所示。

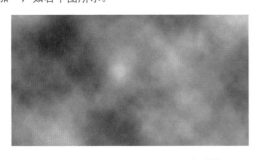 

05 输入文字。使用"横排文字工具" [T]，在图像中输入"MORE"，在选项栏中设置字体样式、大小，如左下图所示。

06 添加投影效果。将文字图层进行栅格化，双击文字图层，在弹出的"图层样式"对话框中选择"投影"选项，设置相关参数，如右下图所示。

 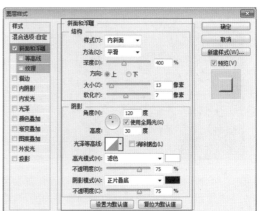

07 添加立体效果。选择"斜面与浮雕"选项，相关参数设置如左下图所示。设置完成后，效果如右下图所示。

08 添加光照效果。按【Ctrl+Shift+Alt+E】快捷键盖印所有可见图层，得到"图层2"；执行"滤镜→渲染→光照效果"命令，在弹出的"光照效果"对话框中设置相关参数，如左下图所示。设置完成后，最终效果如右下图所示。

案例 05 彩色喷溅文字

案例效果

制作分析

本例难易度 ★★★★☆☆	制作关键
	本实例主要通过制作出渐变色背景，然后输入文字，并添加图层样式，制作出立体的效果，接着将文字挤压变形，最后添加亮点与镜头光晕等，完成制作。
	技能与知识要点
	• "液化"命令　　　　　　　　　　• "镜头光晕"命令

具体步骤

01 新建文档并添加光照效果。按【Ctrl+N】快捷键，新建一个宽度为1280像素、高度为800像素、分辨率为300像素/英寸的文档，单击"确定"按钮，如左下图所示。执行"滤镜→渲染→光照效果"命令，在弹出的"光照效果"对话框中设置光照颜色（R：133、G：17、B：61）。

02 填充渐变色。选择工具箱中的"渐变工具" ，单击选项栏中的色块，打开"渐变编辑器"对话框，设置从左至右的颜色值（R：204、G：204、B：204）、（R：255、G：255、B：255），单击选项栏中的"径向渐变"，在图像的左下角向中心拖动鼠标，效果如右下图所示。

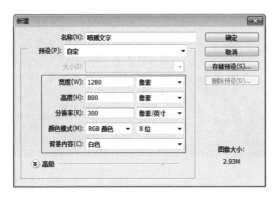

03 输入文字。选择工具箱中的"横排文字工具" $\boxed{\text{T}}$ ，在选项栏中设置字体颜色为黑色，并设置字体样式、大小，在图像中输入"COOLTEXT"，如左下图所示。

04 填充字体颜色。设置字体"OO"的颜色值为（R：255、G：153、B：204），设置字母"EX"的颜色值为（R：153、G：204、B：204），设置完成后，效果如右下图所示。

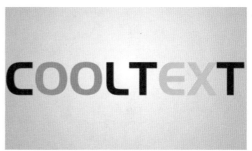

05 添加阴影与立体的效果。双击文字图层，在弹出的"图层样式"对话框中，选项"投影"选项，相关参数设置如左下图所示。选择"斜面与浮雕"选项，相关参数设置如右下图所示。

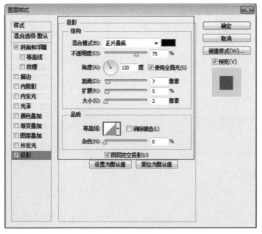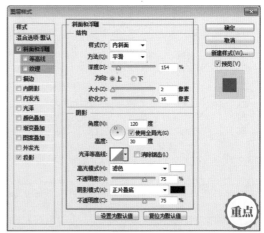

06 设置"液化"滤镜效果。设置完成后，单击"确定"按钮，效果如左下图所示。执行"滤镜→液化"命令，在弹出的"液化"对话框中，选择左侧的"向前变形工具" ，相关参数设置如右下图所示。

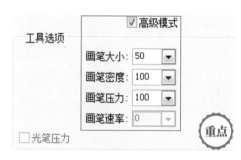

07 将文字挤压变形。在"液化"对话框的预览图像中拖动文字的边缘，制作出一些不规则的效果，如左下图所示。调整"画笔大小"为25，继续对文字边缘部位进行挤压，如右下图所示。

08 制作水墨背景。设置完成后，单击"确定"按钮，效果如左下图所示。创建一个新图层，命名为"图层1"，选择工具箱中的"画笔工具"，选择画笔样式为"喷溅24像素"，设置画笔大小为30像素，"不透明度"与"流量"分别为20%，设置前景色为黑色，在文字周围绘制出水墨的阴影，如右下图所示。

09 绘制亮点。创建一个新图层，命名为"图层2"，使用"画笔工具"，选择画笔样式为"柔边圆"，设置前景色为白色，在文字周围绘制出亮点的效果，如左下图所示。

10 进行透视变形。执行"编辑→变化→透视"命令，拖动矩形控制点对其进行透视处理，如右下图所示。

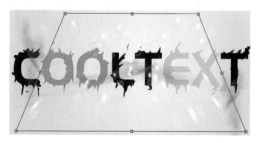

11 合并图层。复制"图层2"得到"图层2副本"，并执行"编辑→变换→水平翻转"命令，按【Ctrl】键单击"图层1"、"图层2"、"图层2副本"，执行"图层→向下合并"命令（向下合并快捷键：【Ctrl+E】）合并图层，效果如左下图所示。

12 添加"镜头光晕"滤镜效果。选择"背景"图层，执行"滤镜→渲染→镜头光晕"命令，在弹出的"镜头光晕"对话框中，设置亮度为131%，镜头类型为"电影镜头"，如右图所示。

13 添加调整图层。执行"图层→新建调整图层→照片滤镜"命令，在打开的"属性"面板中，选择"加温滤镜（85）"，"浓度"为55%，如左下图所示。最终效果如右下图所示。

案例 06 铁锈文字

制作关键

	制作关键
本 例 难 易 度 ★ ★★ ★★★☆ ☆	本实例主要通过对文字添加"投影"、"内投影"、"斜面与浮雕"、"内发光"等图层样式，然后使用剪贴蒙版添加石头纹路效果，完成制作。

技能与知识要点

- 横排文字工具　　　　　添加图层样式　　　　　　• 创建剪贴蒙版

具体步骤

01 打开素材。打开光盘中的素材文件7-6-01.jpg，如左下图所示。

02 输入文字。选择工具箱中的"横排文字工具" T，在选项栏中设置字体样式为"方正韵动粗黑简体"、大小为100，在图像中输入文字，如右下图所示。

03 添加投影图层样式。双击文字图层，在弹出的"图层样式"对话框中，选择"投影"选项，设置"不透明度"为75%，"角度"为30度，"距离"为3像素，"扩展"为0%，"大小"为54像素，勾选"使用全局光"选项，如左下图所示。

04 添加渐变叠加图层样式。在"图层样式"对话框中，选择"渐变叠加"选项，设置"不透明度"为28%，"样式"为线性，"角度"为0度，"缩放"为100%，渐变色为黑色渐变，如右下图所示。

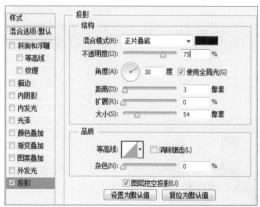
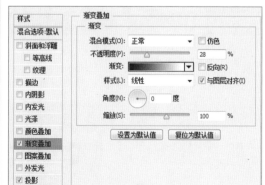

05 添加内发光图层样式。在"图层样式"对话框中，选择"内发光"选项，设置"混合模式"为柔光，内发光颜色为黑色，"不透明度"为100%，"阻塞"为0%，"大小"为24像素，"范围"为50%，"抖动"为0%，如左下图所示。

06 添加斜面和浮雕图层样式。在"图层样式"对话框中，选择"斜面和浮雕"选项，设置"样式"为内斜面，"方法"为雕刻柔和，"深度"为358%，"方向"为上，"大小"为158像素，"软化"为2像素，阴影"角度"为30度，"高度"为30度，"高光模式"为滤色，"不透明度"为75%，"阴影模式"为正片叠底，"不透明度"为75%，如右下图所示。

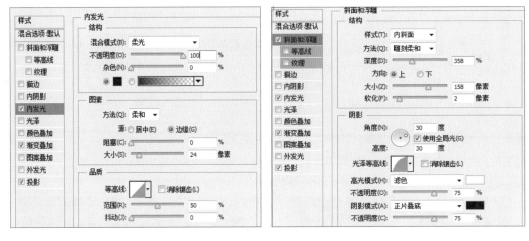

07 添加素材文件。打开光盘中的素材文件7-6-02.jpg，拖动至当前图像中，如左下图所示。按下【Alt+Ctrl+G】快捷键创建剪贴蒙版，将石头纹理的显示范围限定在文字区域内，最终效果如右下图所示。

案例 **07** 黄金文字

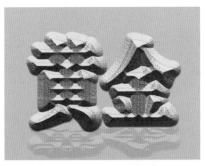

制作分析

	制作关键
本例难易度 ★★★★☆☆	本实例主要通过输入文字，然后设置图层样式创建字体的发光效果，并添加文字投影效果，最后调整背景颜色，完成制作。
	技能与知识要点
	• "图层样式"的使用　　　• "文字工具"的使用　　　• "色相/饱和度"命令

具体步骤

01 新建文档。按【Ctrl+N】快捷键，在弹出的"新建"对话框中，设置"宽度"为800像素、"高度"为600像素、"分辨率"为300像素/英寸，如下图所示。

02 输入文字。选择工具箱中的"横排文字工具" T，在选项栏中设置字体颜色为白色，设置"字体"为"汉仪超粗黑简"、"字号大小"为72点，在图像中输入文字"黄金"，如右下图所示。

03 添加内发光图层样式。在"图层样式"对话框中，勾选"内发光"选项，设置"混合模式"为"正片叠底"，发光颜色为黑色，"不透明度"为100%，"阻塞"为0%，"大小"为2像素，"范围"为50%，"抖动"为0%，如左下图所示。

04 添加斜面和浮雕图层样式。双击图层，在打开的"图层样式"对话框中，勾选"斜面和浮雕"选项，设置"样式"为"浮雕效果"，"方法"为"雕刻清晰"，"深度"为300%，"方向"为上，"大小"为54像素，"软化"为0像素，"角度"为90度，"亮度"为40度，"高光模式"为"颜色减淡"，颜色为黄色（R: 242, G: 206, B: 2）"不透明度"为56%，"阴影模式"为"正片叠底"，颜色为深黄色（R: 46, G: 18, B: 1）"不透明度"为87%，如右下图所示。

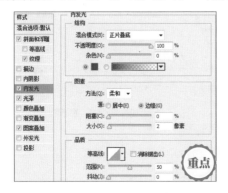
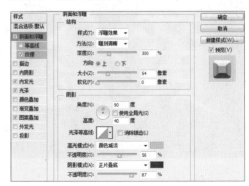

05 图像效果。设置完成后单击"确认"按钮，效果如左下图所示。

06 添加纹理效果。双击文字图层，在弹出的"图层样式"对话框中勾选"纹理"复选框，单击"图案"下三角按钮，再单击弹出的下拉列表右上角的三角按钮，在弹出的菜单中选择"艺术表面"命令，如右下图所示。

07 追加并设置图案。在弹出的警示对话框中单击"追加"按钮，如左下图所示。在"图案"下拉列表框中选择"花岗岩"样式，把"缩放"设置为36%，"深度"设置为+20%，如右图所示。

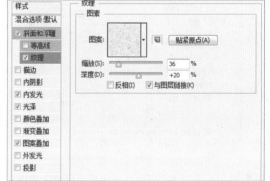

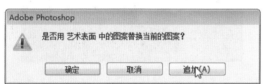

08 图像效果。设置完成后单击"确认"按钮，效果如左下图所示。

09 添加光泽图层样式。双击文字图层，在打开的"图层样式"对话框中，勾选"光泽"选项，设置"混合模式"为"叠加"，"不透明度"为61%，"角度"为132度，"距离"为9像素，"大小"为14像素，调整等高线形状为环形，如右下图所示。

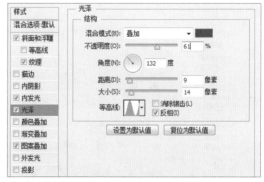

10 添加图案叠加效果。勾选"图案叠加"复选框，设置"不透明度"为100%，单击"图案"右侧下三角按钮，在"图案"下拉列表中选择"浅黄软牛皮纸"图案，"缩放"为38%，如左下图所示。完成设置后，单击"确定"按钮，效果如右下图所示。

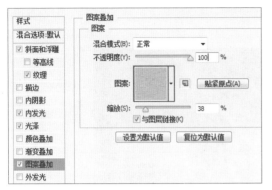 

11 复制图层。选中文字图层，按【Ctrl+J】快捷键复制图层，得到"黄金 副本"图层，把"黄金 副本"图层置于"黄金"图层下方，如左下图所示。

12 设置图层模式。选中"黄金 副本"文字图层，按【Ctrl+T】快捷键变换文字，把文字翻转180度，并压扁，再把图层"不透明度"设置为20%，如右下图所示。

 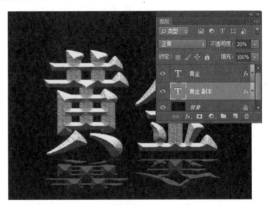

13 调整背景颜色。单击"背景"图层，按【Ctrl+U】快捷键，执行"色相/饱和度"命令，设置"色相"为53，"饱和度"为84，"明度"为-19，如左下图所示。通过前面的操作，为背景添加颜色，效果如右下图所示。

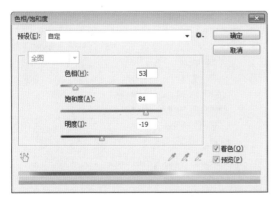 

案例 **08** 星空炫字文字

案例效果

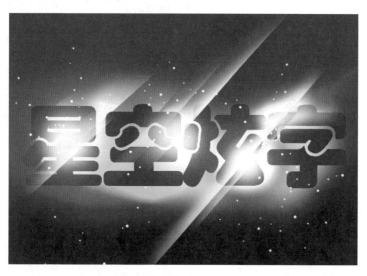

制作分析

制作关键

本例难易度 ★ ★ ★ ☆ ☆

本实例主要通过创建渐变填充图层，通过创建矢量蒙版绘制图像，然后添加图层样式并设置图层混合模式，最后添加星星点缀画面，完成整体制作。

技能与知识要点

- 渐变填充图层
- 矢量蒙版

- 画笔工具
- 钢笔工具

具体步骤

01 新建文档。按【Ctrl+N】快捷键执行新建命令，设置"宽度"为10厘米，"高度"为7厘米，"分辨率"为300像素/英寸，单击"确定"按钮，如右图所示。

新建		
名称(N): 未标题-1		确定
预设(P): 自定	▼	取消
大小(I):	▼	存储预设(S)...
宽度(W): 10	厘米 ▼	删除预设(D)...
高度(H): 7	厘米 ▼	
分辨率(R): 300	像素/英寸 ▼	
颜色模式(M): RGB 颜色 ▼	8 位 ▼	
背景内容(C): 白色	▼	图像大小:
⊗ 高级		2.79M
颜色配置文件(O): 工作中的 RGB: sRGB IEC6196...	▼	
像素长宽比(X): 方形像素	▼	

02 创建渐变填充图层。填充背景图层为黑色，单击面板下方的 ◢ 按钮，在打开的快捷菜单中，选择"渐变"选项，弹出"渐变填充"对话框，设置渐变色为紫(R：60、G：36、B：107)深红（R：127、G：21、B：55）渐变，"样式"为"线性"，"角度"为25度，单击"确定"按钮，创建"渐变填充1"图层，如右图所示。

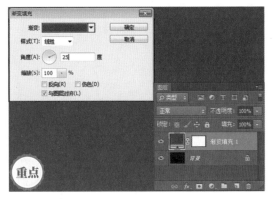

03 修改图层蒙版。使用软边黑色"画笔工具" ◢ 在蒙版上进行涂抹，修改蒙版效果，如左下图所示。

04 添加渐变填充图层。使用相同的方法创建"渐变填充2"图层，设置"渐变"色为蓝（R：61、G：68、B：250）到透明，"样式"为"线性"，角度为90度，单击"确定"按钮。如右下图所示。

05 修改图层蒙版。使用软边"画笔工具" ◢ ，在蒙版上进行涂抹，修改蒙版效果，如左下图所示。

06 创建矢量蒙版。选择工具箱中的"椭圆工具" ◯ ，在选项栏中选择"路径"选项，在图像中拖动鼠标绘制椭圆路径，执行"窗口→蒙版"命令，打开"蒙版"面板，单击"添加矢量蒙版"按钮 ，创建矢量蒙版，如右下图所示。

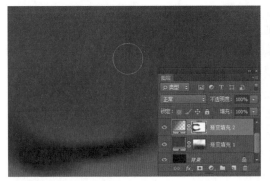
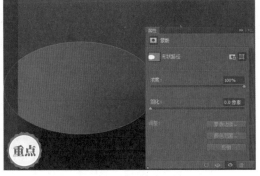

07 添加外发光图层样式。双击"渐变填充2"图层，打开"图层样式"对话框，勾选"外发光"选项，设置发光颜色为蓝（R：18、G：30、B：201）到透明，"扩展"为0%，"大小"为138像素，如左下图所示。

08 绘制图像。新建图层，命名为"浅红光"，设置前景色为浅红色（R：238、G：210、B：219），选择工具箱中的画笔工具，在选项栏中设置画笔"大小"为300像素，"硬度"为0%，在图像中单击两次，绘制图像，如右下图所示。

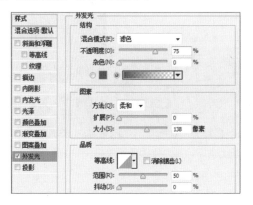
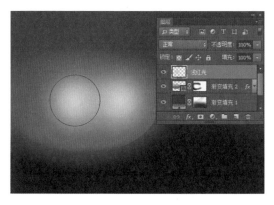

09 创建图层蒙版。创建图层蒙版，使用"不透明度"为30%的画笔工具，在两个粉红色圆点之间拖动鼠标，修改图层蒙版，如左下图所示。

10 添加外发光图层样式。双击"浅红光"图层，打开"图层样式"对话框，勾选"外发光"选项，设置发光颜色为洋红（R：255、G：0、B：138）到透明，"大小"为8像素，如右下图所示。

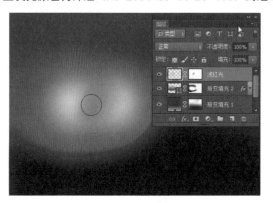
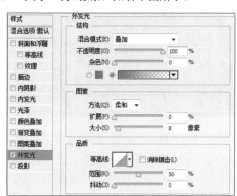

11 创建渐变填充图层。使用前面介绍的方法，创建"渐变填充3"图层，设置"渐变"色为青（R：107、G：251、B：226）到透明，"样式"为线性，角度为90度，单击"确定"按钮，如左下图所示。

12 修改图层蒙版。使用黑色画笔工具，选择适当的画笔尺寸和不透明度，在图像中拖动鼠标进行涂抹，修改图层蒙版，如右下图所示。

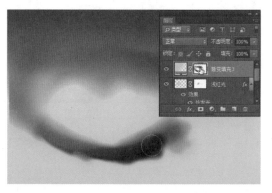

13 创建矢量蒙版。选择工具箱中的"椭圆工具" 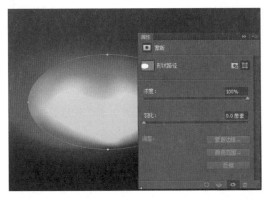，在选项栏中选择"路径"选项，在图像中拖动鼠标绘制椭圆路径，执行"窗口→蒙版"命令，打开"蒙版"面板，单击"添加矢量蒙版"按钮，创建矢量蒙版，如下左图所示。

14 绘制图像。新建图层，命名为"青光"，设置前景色为青色（R：107、G：251、B：226），使用软边画笔工具绘制图像，并使用白色画笔进行修饰，如右下图所示。

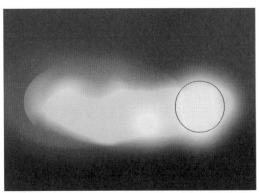

15 输入文字。选择工具箱中的横排文字工具，在选项栏中设置"字体"为"方正琥珀简体"，"字号"为70点，在图像中输入文字，按【Ctrl+Enter】快捷键确认文字输入，如左下图所示。

16 添加渐变叠加图层样式。双击文字图层，打开"图层样式"对话框，勾选"渐变叠加"选项，设置渐变色为深蓝（R：46、G：0、B：86）到深黄（R：97、G：0、B：40），"角度"为0度，"缩放"为100%，单击"确定"按钮，如右下图所示。

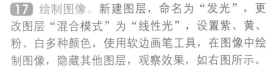

17 绘制图像。新建图层，命名为"发光"，更改图层"混合模式"为"线性光"，设置紫、黄、粉、白多种颜色，使用软边画笔工具，在图像中绘制图像，隐藏其他图层，观察效果，如右图所示。

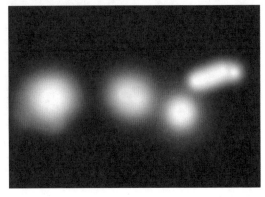

18 创建渐变填充图层。使用前面介绍的方法，创建"渐变填充4"图层，设置渐变色为白、浅红（R：247、G：229、B：254）、红（R：255、G：0、B：24），"样式"为"径向"，"角度"为53度，"缩放"为83%，单击"确定"按钮，如右图所示。

19 混合图层并添加图层蒙版。使用黑色软边画笔工具修改蒙版，如左下图所示。更改图层混合模式为"叠加"，如右下图所示。

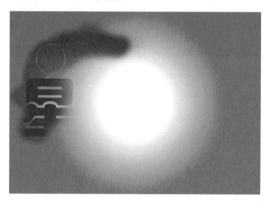

20 创建矢量蒙版。使用"钢笔工具" 绘制路径，执行"窗口→蒙版"命令，打开"蒙版"面板，单击"添加矢量蒙版"按钮，创建矢量蒙版，如左下图所示。

21 创建渐变填充图层。使用前面介绍的方法，创建"渐变填充5"图层，设置渐变色为白、红（R：255、G：0、B：130）、红（R：255、G：0、B：130）、透明色，"样式"为"线性"，"角度"为129度，"缩放"为39%，单击"确定"按钮，效果如右下图所示。

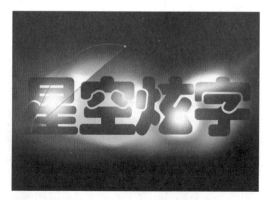

22 混合图层。设置图层混合模式为"强光"，使用相同的方法创建图层和矢量蒙版，效果如左下图所示。复制"渐变填充5"图层，调整复制图层的矢量蒙版，效果如右下图所示。

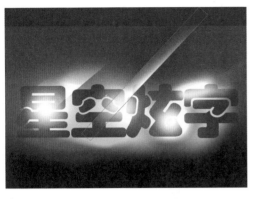 

23 创建渐变填充图层。创建"渐变填充6"图层，设置渐变色为紫（R：139、G：86、B：209）、白、洋红（R：255、G：0、B：141），"角度"为90度，"缩放"为96%，单击"确定"按钮，效果如左下图所示。

24 混合图层。设置图层混合模式为"线性减淡（添加）"，使用相同的方法创建图层和矢量蒙版，效果如右下图所示。

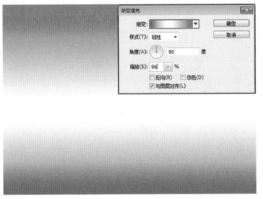 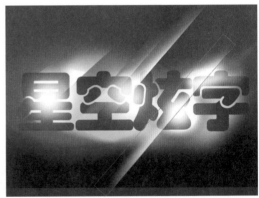

25 复制并调整图层。复制"渐变填充6"图层4次，调整复制图层的蒙版，创建切入文字的光线效果，效果如左下图所示。

26 绘制星星对象。设置前景色为白色，选择工具箱中的"画笔工具"，在选项栏中设置2~10像素之间的画笔尺寸，在图像中单击数次，绘制小星星图像效果，选择"发光"图层，选择画笔工具，在选项栏中设置混合模式为"变暗"，"不透明度"为20%，在文字右侧绘制一些图像加强效果，最终效果如右下图所示。

案例 **09** 水晶粒子文字

案例效果

制作分析

制作关键
本例难易度 ★★★☆☆☆ 本实例主要通过创建渐变背景，然后添加"水彩"、"绘画涂抹"等滤镜制作出颗粒的效果，最后添加图层样式，增加文字的立体效果，完成制作。

技能与知识要点
• "绘画涂抹"命令　　　　　　　　　　• "水彩"命令

具体步骤

01 新建文档。按【Ctrl+N】快捷键，在弹出的"新建"对话框中，设置"宽度"为800像素，"高度"为500像素，"分辨率"为300像素/英寸，单击"确定"按钮，如左下图所示。

02 填充渐变颜色。选择工具箱中的"渐变工具" ，单击选项栏中的色块，弹出"渐变编辑器"对话框，设置从左至右颜色值为（R：251、G：206、B：239）、（R：142、G：12、B：144），在图像的左下角向中心位置拖动鼠标，创建渐变颜色，执行"滤镜→杂色→添加杂色"命令，在弹出的"添加杂色"对话框中设置参数，如右下图所示。

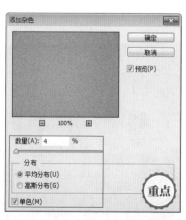

03 输入文字并添加"云彩"滤镜效果。选择工具箱中的"横排文字工具"[T]，在图像中输入"SHINE"，在选项栏中设置字样式、大小，字体颜色为白色，如左下图所示。将文字栅格化，按【Ctrl】键并单击文字图层，调出选区，设置前景色值为（R：142、G：12、B：144）、背景色值为（R：251、G：206、B：239）；执行"滤镜→渲染→云彩"命令，效果如右下图所示。

04 添加"水彩"、"绘画涂抹"滤镜效果。执行"滤镜→艺术效果→水彩"命令，在弹出的"水彩"对话框中设置参数，如左下图所示。执行"滤镜→艺术效果→绘画涂抹"命令，在弹出的"绘画涂抹"对话框中设置参数，如右下图所示。

"绘画涂抹"滤镜主要是用于不同类型的效果涂抹图像。"画笔大小"用于调节笔触的大小；"锐化程度"用于控制图像的锐化值；"画笔类型"共有简单、未处理光照、未处理深色、宽锐化、宽模糊和火花6种类型的涂抹方式。

05 添加"水彩"滤镜效果。执行"滤镜→艺术效果→水彩"命令，在弹出的"水彩"对话框中设置参数，如左下图所示。设置完成后，效果如右下图所示。

06 添加立体效果。双击"SHINE"图层，在弹出的"图层样式"面板中选择"斜面与浮雕"选项，参数设置如左下图所示。选择"等高线"选项，参数设置如右下图所示。

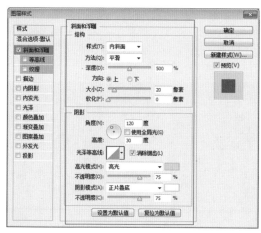
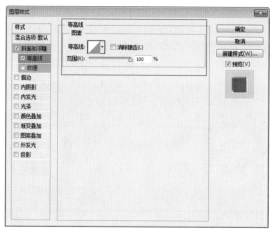

07 复制文字并添加立体效果。设置完成后，效果如左下图所示。复制"SHINE"图层，得到"SHINE副本"；双击"SHINE副本"图层，在弹出的"图层样式"对话框中选择"斜面与浮雕"选项，设置高光颜色值为（R：245、G：208、B：252），其他参数如右下图所示。

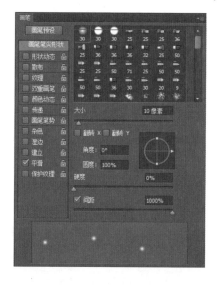

08 设置画笔参数。设置完成后，效果如左下图所示。选择工具箱中的"画笔工具" ，按【F5】键弹出"画笔"面板，参数设置如右图所示。

09 设置画笔参数并绘制散光亮点。选择"形状动态"选项，参数设置如左下图所示。设置完成后，创建一个新图层，命名为"亮点"，在图像中绘制散光的亮点，最后效果如右下图所示。

案例 **10** 制作彩块字体效果

案例效果

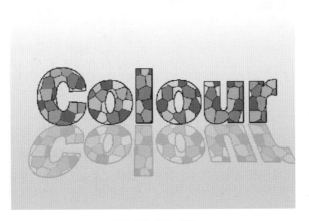

制作分析

	制作关键
本例难易度 ★☆☆☆☆	本实例先使用"渐变工具"制作出背景色，然后输入文字并对文字进行描边，接着使用"彩色玻璃"滤镜制作出彩块的轮廓，并填充不同的颜色。最后，复制字体图层进行垂直翻转，就完成彩块字体效果。
	技能与知识要点
	• "描边"命令 • "油漆桶工具"的使用 • "透视"命令
	• "彩色玻璃"命令 • "垂直翻转"命令

具体步骤

01 新建文档。按【Ctrl+N】快捷键，在弹出的"新建"对话框中，设置"宽度"为680像素、"高度"为480像素，"分辨率"为72像素/英寸，单击"确定"按钮，如左下图所示。

02 填充渐变色。设置前景色为（R：255、G：255、B：204），背景色为（R：255、G：204、B：102），选择工具箱中的"渐变工具" ，单击属性栏中的色块，打开"渐变编辑器"对话框，选择"前景色到背景色渐变"填充方式，在图像中拖动鼠标，为"背景"图层填充渐变色，效果如右下图所示。

 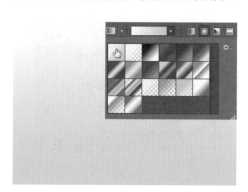

03 输入文字。选择工具箱中的"横排文字工具" ，在选项栏中设置文字颜色为白色、"字体"为"FrankfurtHeavy"、"字体大小"为180点，在图像中输入"Colour"，如左下图所示。

04 添加描边图层样式。双击文字图层，在打开的"图层样式"对话框中，勾选"描边"选项，设置"大小"为2像素，描边颜色为深灰色（R：123、G：106、B：98），如右下图所示。

05 制作纹理。执行"图层→栅格化→文字"命令，栅格化文字。执行"滤镜→纹理→彩色玻璃"命令，设置"单元格大小"为12，"边框粗细"为3，"光照强度"为1，如左下图所示。设置完成后单击"确定"按钮，效果如右下图所示。

 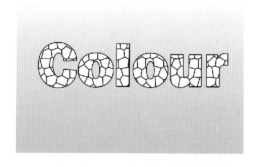

06 填充红橙颜色。选择工具箱中的"油漆桶工具" 🪣，设置前景色颜色值为（R：255、G：51、B：51），填充字体为红色，如左下图所示。设置前景色颜色值为（R：255、G：153、B：51），填充字体为橙色，如右下图所示。

07 填充绿蓝颜色。设置前景色颜色值为（R：102、G：204、B：153），为字体填充绿色区域，如左下图所示。设置前景色颜色值为（R：51、G：153、B：255），为字体填充蓝色区域，如右下图所示。

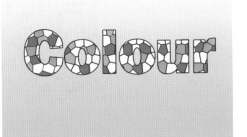
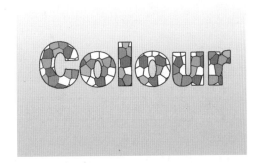

08 填充紫粉颜色。设置前景色颜色值为（R：153、G：0、B：204），为字体填充紫色区域，如左下图所示。设置前景色颜色值为（R：255、G：204、B：255），为字体填充粉红色区域，如右下图所示。

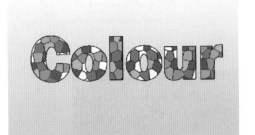
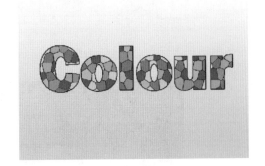

09 复制图层。字体颜色填充完毕后，在"图层"面板中，将"Colour"图层拖动至"创建新图层"按钮上，得到"Colour 副本"图层，如左下图所示。

10 变换对象。执行"编辑→变换→垂直翻转"命令，选择工具箱中的"移动工具" ⊕，将垂直翻转的图像移动至字体下方，如右下图所示。

11 透视变换。执行"编辑→变换→透视"命令，拖动图像周围的控制点，将图像进行透视变换，如左下图所示。

12 调整图层不透明度。在"图层"面板中，设置"Colour副本"图层的"不透明度"为25%，最终效果如右下图所示。

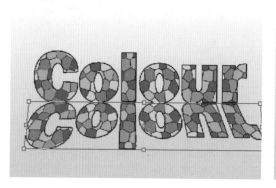

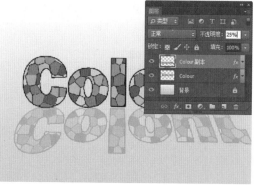

案例 **11** 火焰字

····· 制作分析 ·····

	制作关键
本例难易度 ★★★☆☆	本实例首先通过添加图层样式，创建文字的发光效果，然后通过滤镜命令变形扭曲文字，最后通过素材叠加创建文字的燃烧效果，完成制作。
	技能与知识要点
	• "液化"命令的使用　　　　　　　　　• "图层混合"的使用
	• "图层样式"的使用　　　　　　　　　• 变换操作

····· 具体步骤 ·····

01 新建文件。按【Ctrl+N】快捷键，执行"新建"命令，设置"宽度"为10厘米，"高度"为5厘米，"分辨率"为300像素/英寸，如左下图所示。

02 新建图层。新建"图层1"，按【Alt+Delete】快捷键，填充前景色黑色，效果如右下图所示。

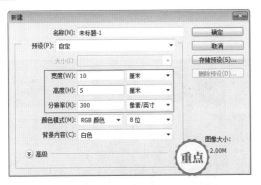

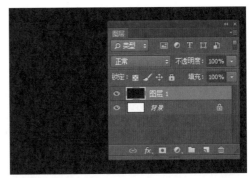

03 输入文字。选择工具箱中的"横排文字工具"，在选项栏中，设置"字体"为黑体，"字体大小"为72点，文字颜色为白色，在图像中输入文字，效果如左下图所示。

04 添加"光泽"图层样式。复制文字图层，生成"happy 拷贝"图层，双击该图层，在打开的"图层样式"对话框中，勾选"光泽"选项，设置光泽颜色为橙色（R：235、G：145、B：38），参数设置如右下图所示。

05 添加"内发光"图层样式。在"图层样式"对话框中，勾选"内发光"选项，设置发光颜色为黄色（R：255、G：249、B：91），参数设置如左下图所示。

06 添加"外发光"图层样式。在"图层样式"对话框中，勾选"外发光"选项，设置发光颜色为深红色（R：202、G：32、B：4），参数设置如右下图所示。

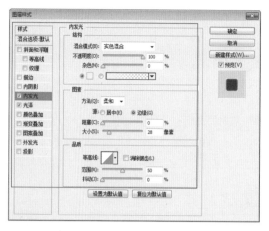 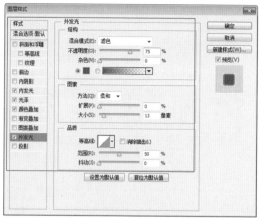

07 添加"颜色叠加"图层样式。在"图层样式"对话框中，勾选"颜色叠加"选项，设置颜色为桔红色（R：204、G：116、B：30），参数设置如左下图所示。

08 文字效果。通过前面的操作，为文字添加图层样式，效果如右下图所示。

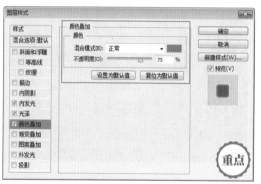 

09 栅格化文字。按【Ctrl+J】快捷键，再次复制文字图层，生成"Happy 拷贝2"图层，右击该图层，在打开的快捷菜单中，选择"栅格化文字"命令，如左下图所示。

10 擦除图像。选择工具箱中的"橡皮擦工具"，选择软边画笔，"画笔大小"为35，"模式"为画笔，"流量"为30%，在"H"字母左上角拖动擦除图像，效果如右下图所示。

11 继续擦除图像。继续使用"橡皮擦工具"在字母上方拖动擦除图像，完成效果如左下图所示。

12 挤压文字。执行"滤镜→液化"命令，打开"液化"面板，使用左上角的工具对文字进行挤压变形，效果如右下图所示。

13 载入选区。打开素材文件7-11-01.jpg，在"通道"面板中，单击"红"通道缩览图载入通道选区，如左下图所示。单击选择"RGB"复合通道，按【Ctrl+C】快捷键复制图像，如右下图所示。

 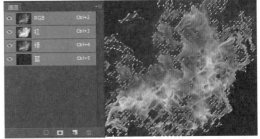

14 粘贴变换图像。切换回原文件中，按【Ctrl+C】快捷键复制图像，生成"图层2"，如左下图所示。按【Ctrl+T】快捷键，执行旋转操作，旋转对象，如右下图所示。

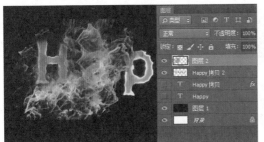 

15 混合图层。更改"图层2"的图层混合模式为"变亮"，如左下图所示。按【Ctrl+J】快捷键复制图像，生成"图层2 拷贝2"图层，向右侧移动图像，并适当旋转图像，效果如右下图所示。

16 盖印图层。选择"图层2"和"图层2拷贝2"图层，如左下图所示，按【Shift+Ctrl+E】快捷键盖印图层，命名为"图层2拷贝3"图层，如左下图所示。

17 混合图层。更改"图层2拷贝3"的图层混合模式"为"叠加"，"不透明度"为50%，如右下图所示。

18 复制图层。复制"Happy 拷贝2"图层，生成"Happy 拷贝3"图层，移动到"Happy 拷贝2"图层下方，如左下图所示。

19 创建文字阴影。执行"编辑→变换→垂直翻转"命令，垂直翻转对象，移动到文字下方作为阴影，更改图层"混合模式"为明度，"不透明度"为10%，如右下图所示。

案例 **12** 饼干文字

本例难易度	★★★★☆	**制作关键**
		本实例主要通过设置画笔参数，对输入的文字进行描边，制作出饼干的曲线轮廓，然后添加"云彩"、"添加杂色"等滤镜以及图层样式，制作出阴影效果，最后添加素材，并移动至合适位置，完成制作。
		技能与知识要点
		• "画笔预设"的使用 • "描边路径"的使用 • "创建剪贴蒙版"命令

具体步骤

01 新建文档。按【Ctrl+N】快捷键，在弹出的"新建"对话框中，设置"宽度"为800像素、"高度"为600像素，"分辨率"为300像素/英寸，单击"确定"按钮，如左下图所示。

02 填充渐变色。选择工具箱中的"渐变工具" ，单击选项栏中的色块，弹出"渐变编辑器"对话框，设置从左至右颜色值为（R：251、G：252、B：229）、（R：222、G：198、B：102），渐变类型为"径向渐变" ，在图像上由中心位置向左下角拖动鼠标，创建渐变颜色，如右下图所示。

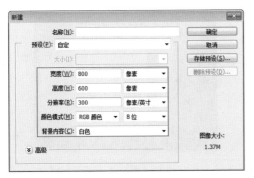

03 添加"添加杂色"效果。执行"滤镜→杂色→添加杂色"命令，在弹出的"添加杂色"对话框中设置参数，如左下图所示。设置完成后，效果如右下图所示。

04 设置画笔样式。选择工具箱中的"横排文字工具" ，设置字体颜色值为（R：214、G：171、B：103），输入文字，如左下图所示。选择工具箱中的"画笔工具" ，按【F5】键弹出画笔面板，参数设置如右下图所示。

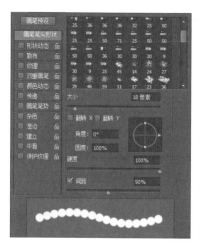

05 创建工作路径。新建"图层1"，按【Ctrl】键单击文字图层缩览图，调出选区如左下图所示。切换至"路径"面板，单击"路径"面板底部的"将选区转换为工作路径"按钮，生成工作路径；右击"工作路径"，在弹出的快捷菜单中选择"描边路径"，如右下图所示。

06 填充选区颜色。选择"描边路径"后，效果如左下图所示。切换至"图层"面板，按【Ctrl】键单击文字缩览图，调出选区，执行"选择→修改→扩展"命令，弹出"扩展选区"对话框，设置"扩展量"为2像素，单击"确定"按钮。设置前景色为黑色，按【Alt+Delete】填充，效果如右下图所示。

07 添加投影效果。双击"图层1"，在弹出的"图层样式"对话框中选择"投影"选项，设置参数如左下图所示。

08 添加"云彩"和"添加杂色"滤镜效果。创建一个新图层为"图层2"，并设置前景色值为（R:210、G:140、B:15）、背景色值为（R:244、G:211、B:95）；执行"滤镜→渲染→云彩"命令后，再执行"滤镜→杂色→添加杂色"命令，弹出"添加杂色"对话框，参数设置如右下图所示。

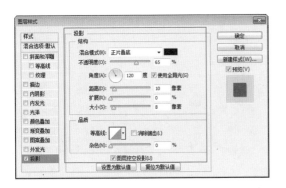

09 添加图层蒙版。设置完成后，效果如左下图所示。按【Ctrl】键单击"图层2"的缩览图，调出选区，单击"图层"面板底部的"添加图层蒙版"按钮 ，为"图层2"添加图层蒙版，效果如右下图所示。

10 添加立体效果。双击"图层2"，弹出"图层样式"对话框，选择"斜面与浮雕"选项，参数设置如左下图所示。创建一个新图层为"图层3"，并按【Alt+Delete】快捷键填充白色，执行"图层→创建剪贴蒙版"命令，或按【Ctrl+ Alt+G】快捷键创建剪贴蒙版，并设置"图层3"的图层混合模式为"柔光"，"不透明度"为50%，如右下图所示。

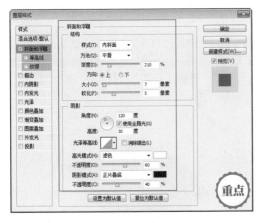

11 设置画笔参数。创建一个新图层，命名为"图层4"，设置前景色颜色值为（R：137、G：112、B：76），选择工具箱中的"画笔工具" ，按【F5】键打开"画笔"面板，参数设置如左下图所示。

12 添加画笔描边路径。按【Ctr】键单击"图层1"的图层缩览图，调出选区，执行"选择→修改→收缩"命令，在弹出的"收缩选区"对话框中设置"收缩量"为15，切换至"路径"面板，单击"路径"

面板底部的"将选区转换为工作路径"按钮 ，生成工作路径；右击"工作路径"，在弹出的快捷菜单中选择"描边路径"，效果如右下图所示。

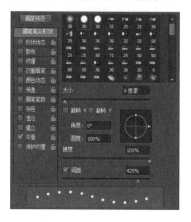 

13 添加立体效果。双击"图层4"，在弹出的"图层样式"对话框中，选择"斜面与浮雕"选项，参数设置如左下图所示。设置"图层4"的"不透明度"为50%，"填充"为50%，如右下图所示。

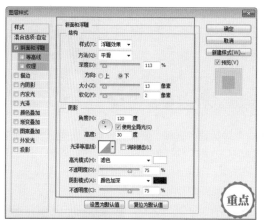 

14 添加"云彩"滤镜效果。创建一个新图层为"图层5"，将前景色和背景色设置为默认的黑色和白色，设置完毕后，执行"滤镜→渲染→云彩"命令，按【Ctrl+ Alt+G】快捷键创建剪贴蒙版，并设置图层混合模式为"颜色加深"，"不透明度"为30%，效果如左下图所示。置入素材文件7-12-01.jpg，并命名为"图层6"，如右下图所示。

15 复制并移动图层。选择工具箱中的"魔棒工具" ，在图像中单击白色背景，按【Delete】键删除，按【Ctrl+T】旋转并调整大小，移动至适当位置，如左下图所示。单击"图层6"，按【Ctrl+J快捷键复制图层，并移动至图像左下角，再复制图层，移动至适当位置，最终效果如右下图所示。

 上机实战——跟踪练习成高手

　　通过前面内容的学习，相信读者对艺术字特效已有所认识和掌握，为了巩固前面知识与技能的学习，下面安排一些典型实例，让读者自己动手，根据光盘中的素材文件与操作提示，独立完成这些实例的制作，达到举一反三的学习目的。

 　　为了方便学习，本节相关实例的素材文件、结果文件，以及同步教学文件可以在配套的光盘中查找，具体内容路径如下。

 原始素材文件：光盘\素材文件\第7章\上机实战
最终结果文件：光盘\结果文件\第7章\上机实战
同步教学文件：光盘\多媒体教学文件\第7章\上机实战

实战 01　金属剥落文字

操作提示

	制作关键
本例难易度 ★★★★☆	本实例主要通过添加"云彩"滤镜效果，然后添加"便条纸"滤镜制作出铁锈的轮廓，最后设置素材的图层混合模式并添加"光照效果"滤镜，完成制作。
	技能与知识要点
	• "便条纸"命令　　　　　　　　　• "光照效果"命令

主要步骤

01 新建文件并添加"云彩"滤镜效果。新建一个宽度为800像素、高度为600像素，分辨率为300像素/英寸的文档，单击"确定"按钮；设置前景色为黑色、背景色为白色，执行"滤镜→渲染→云彩"命令，按【Ctrl+L】快捷键，弹出"色阶"对话框，参数设置如左下图所示。

02 输入文字。使用"横排文字工具"  输入文字，并栅格化文字，如右下图所示。

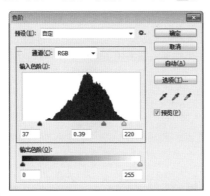

03 反相文字。创建一个新图层为"图层1"，按【Ctrl +Delete】快捷键填充白色；将"图层1"移动至文字图层下方，选择文字图层后按【Ctrl +E】快捷键向下合并图层，得到"图层1"；执行"图像→调整→反相"命令（反相快捷键：【Ctrl+I】），将图像反相后，并设置"图层1"的图层混合模式为"正片叠底"，效果如左下图所示。

04 添加"便条纸"滤镜效果。按【Ctrl+Shift+Alt+E】快捷键盖印所有可见图层，得到"图层2"，复制"图层2"，得到"图层2副本"；选择"图层2"，执行"滤镜→素描→便条纸"命令，在弹出的"便条纸"对话框中设置参数，如右下图所示。

05 添加"便条纸"滤镜效果并设置图层混合模式。选择"图层2副本"，执行"滤镜→素描→便条纸"命令，在弹出的"便条纸"对话框中设置参数，如左下图所示。设置"图层2副本"的图层混合模式为"正片叠底"；选择工具箱中的"魔棒工具" ，单击图像中背景区域，如右下图所示。

06 添加投影效果。按【Ctrl+J】快捷键复制选区，得到"图层3"，双击图层，在弹出的"图层样式"对话框中选择"投影"选项，参数设置如左下图所示。置入素材文件7-1-01.jpg，并设置图层混合模式为"正片叠底"、"填充"为70%；执行"滤镜→渲染→光照效果"命令，参数设置如右下图所示。

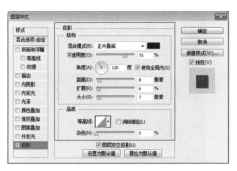
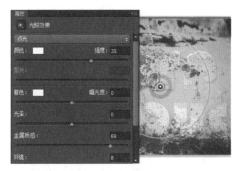

实战 **02** 粉笔字

实战效果

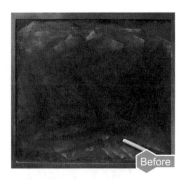
Before

After

操作提示

本例难易度 ★★★☆☆	制作关键
	本实例主要通过设置前景色，输入文字，然后根据文字创建工作路径，并设置画笔，最后使用"描边路径"命令依次创建彩色粉笔字，完成制作。
	技能与知识要点
	• "创建工作路径"命令　　　　　　　　• "钢笔工具"命令

主要步骤

01 打开素材。打开素材文件7-2-01.jpg，设置前景色为白色，选择工具箱中的"横排文字工具" T，在选项栏中设置字体颜色为白色，设置字体为"宋体"、大小为100点，在图像中输入"关于明天的事"，如左下图所示。

02 创建工作路径。右击文字图层，在快捷菜单中单击"创建工作路径"命令，隐藏文字图层。

03 选择画笔。按【F5】键打开"画笔"面板，参数设置如右图所示。

文字图层中的字体设置了"仿粗"格式的情况下，不能使用"创建工作路径"命令。使用"宋体"可以避免出现不能使用这些命令的问题。

04 设置画笔参数。勾选"形状动态"选项，参数设置如左下图所示。勾选"双重画笔"选项，参数设置如右下图所示。

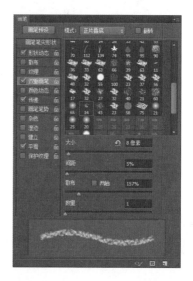

05 新建图层。新建图层，设置前景色为白色；在"路径面板"下单击 "描边路径"按钮◎，效果如左下图所示。

06 创建红色粉笔字。输入文字"后"，创建工作路径，新建图层，设置前景色为粉红色，在"路径面板"下单击 "描边路径"按钮◎，效果如右下图所示。

07 创建彩色字。依次创建其他彩色文字，如左下图所示。最终效果如右下图所示。

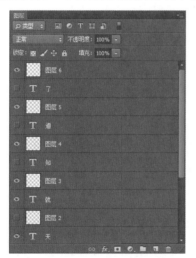

本 章 小 结

　　文字特效制作一直都是Photoshop的一个重要应用领域，对于一幅作品而言，精美的艺术文字在设计中起到了画龙点睛的效果，文字创意的方法是多种多样的，有通过形态变化而产生艺术效果的，也有通过文字添加质感产生艺术效果的。通过本章的学习，希望读者能灵活运用，制作出更加精美的效果。

手绘特效和商业设计

第 8 章

本章导读

　　本章主要讲解手绘特效与典型的商业设计案例，如网页按钮、登录框、广告设计、海报设计、婚纱模板制作等，希望通过本章的学习，读者能够全面掌握商业案例的设计思路和制作技巧，在以后的学习和实际操作中，会更加深入了解并制作出更好的效果。

同步训练——跟着大师做实例

由于Photoshop功能十分强大，应用领域十分广泛，下面给读者介绍一些经典的手绘特效与商业设计案例，希望读者能跟着我们的讲解，一步一步地做出与书同步的效果。

为了方便学习，本节相关实例的素材文件、结果文件，以及同步教学文件可以在配套的光盘中查找，具体内容路径如下。

原始素材文件：光盘\素材文件\第8章\同步训练
最终结果文件：光盘\结果文件\第8章\同步训练
同步教学文件：光盘\多媒体教学文件\第8章\同步训练

案例 **01** 制作人物素描手绘特效

Before

After

制作分析

本例难易度 ★★☆☆☆	**制作关键**
	本实例主要通过使用"通道混合器"将素材文件制作出黑白效果，然后创建图层蒙版，接着通过画笔绘制素描效果，最后使用"减淡工具"和"加深工具"加强效果，完成制作。

技能与知识要点

- "通道混合器"命令
- "蒙版"命令
- "画笔"的使用
- "加深/减淡工具"的使用

具体步骤

01 打开素材并复制图层。按【Ctrl+O】快捷键打开素材文件8-1-01.jpg，如左下图所示。按【Ctrl+J】快捷键复制"背景"图层，得到"背景 拷贝"，如右下图所示。

02 转换照片效果。执行"图像→调整→通道混合器"菜单命令，打开"通道混合器"对话框，勾选"单色"选项，如左下图所示；单击"确定"按钮将照片转换为黑白效果，如右下图所示。

03 调整图像对比度。执行"图像→调整→亮度/对比度"菜单命令，打开"亮度/对比度"对话框，参数设置如左下图所示。

04 新建蒙版图层。新建图层为"图层1"，并填充白色，创建图层蒙版，如右下图所示。

05 设置画笔并在蒙版中绘制。选择工具箱中的"画笔工具" ，按【F5】键弹出"画笔"面板，参数设置如左下图所示。在图中任意涂抹，效果如右下图所示。

大师心得

要使用鼠标绘制直线，需要先在某一点处单击指定起点，然后按住【Shift】键的同时单击指定另一点即可。

06 绘制效果。使用“画笔工具”在蒙版中绘制倾斜的线条，如左下图所示。在头发、眼睛、鼻子投影、嘴角、头发与脸的衔接处多次涂抹，表现出素描的明暗效果，如右下图所示。

大师心得

在创建素描的过程中，一般不会使用十字形的笔触进行绘制，而是使用斜线相交的方式来表现。

07 使用减淡和加深效果。选择“减淡工具”，设置相关参数，单击选择“背景 拷贝”，在图像中的高光部分进行涂抹，如左下图所示。选择“加深工具”，设置相关参数，在图像中的暗部进行涂抹，最终效果如右下图所示。

案例 02 手机外观展示设计

案例效果

制作分析

制作关键
本实例首先制作手机的轮廓效果，并添加光影，增强手机的立体感；接着添加屏幕图标，并绘制操作按钮，最后添加图标和文字说明，完成整体效果。

本例难易度 ★★★★★★★

技能与知识要点

- "高斯模糊"命令
- 调整图层样式
- "矩形选框工具"的使用
- 钢笔工具的使用
- 多边形套索工具
- "盖印图层"命令

具体步骤

01 新建文件并绘制轮廓。按【Ctrl+N】快捷键，在"新建"对话框，设置"宽度"为27厘米，"高度"为20厘米、"分辨率"为300像素/英寸，单击"确定"按钮；置入素材文件8-2-01.jpg，命名为"背景"，设置前景色为黑色。选择工具箱中的"圆角矩形工具" ▢，在属性栏中单击"像素填充"按钮▢，设置"半径"为150像素，拖动鼠标左键绘制对象，如左下图所示。

02 复制图层并添加"渐变叠加"图层样式。复制"黑底"图层，更名为"白底"。双击"白底"图层，打开"图层样式"对话框，勾选"渐变叠加"选项，设置浅灰（R：223、G：223、B：223）、灰（R：158、G：158、B：158）相间的渐变色，参数设置如右下图所示。

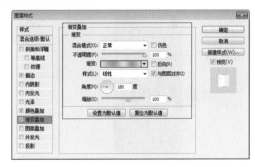

03 添加"描边"图层样式。勾选"描边"选项，设置描边颜色为白、深灰（R：56、G：56、B：56）相间的渐变色，参数设置如左下图所示。

04 添加"颜色叠加"图层样式。勾选"颜色叠加"选项，参数设置如右下图所示。

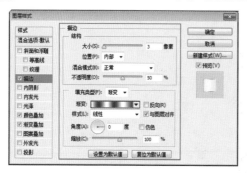
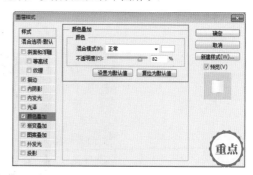

05 复制图层。设置完成后，效果如左下图所示。复制"黑底"图层，更名为"黑底1"，拖动到"白底"图层上方。按【Ctrl+T】快捷键，适当缩小对象，如右下图所示。

变换对象时，按住【Alt+Ctrl】快捷键的同时拖动变换点，将以变换中心点为中心、等比例进行变换操作。

06 绘制路径。结合"钢笔工具" 和"圆角矩形工具" 创建选区，新建图层，命名为"高光"，填充黑色，如左下图所示。

07 添加"渐变叠加"图层样式。双击"高光"图层，勾选"渐变叠加"选项，设置渐变色标为白色，设置左侧白色色标的"不透明度"色标为37%，其他参数设置如右下图所示。

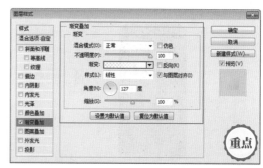

08 更改不透明度。因为高光太亮，更改"高光"图层的"不透明度"为32%，如左下图所示。

09 新建图层。新建图层，命名为"黑底"。选择工具箱中的"矩形选框工具"，按住鼠标左键拖动创建选区，填充黑色，如右下图所示。

10 添加素材。打开光盘中的素材文件8-2-02.jpg，复制粘贴到当前文件中，更名为"墙纸"，如左下图所示。

11 添加图层蒙版。单击"添加图层蒙版"按钮，为"墙纸"图层添加图层蒙版。选择工具箱中的"渐变工具"，拖动鼠标左键修改图层蒙版，如右下图所示。

> 修改图层蒙版时，为了创建下侧逐渐溶入背景中的视觉效果，需要按住鼠标从下至上拖动，渐变色需要设置为黑白渐变。

12 绘制路径。新建组，命名为"电源按钮"。新建图层，命名为"底图"；选择工具箱中的"钢笔工具"绘制路径，按【Ctrl+Enter】快捷键载入选区，填充黑色，如左下图所示。

13 添加"渐变叠加"图层样式。双击"底图"图层，勾选"渐变叠加"选项，参数设置如右下图所示。

 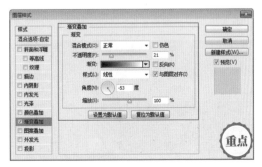

14 绘制按钮。设置完成后效果如左下图所示；新建图层，命名为"圆圈"。选择工具箱中的"圆角矩形按钮" ，在属性栏中设置"半径"为20像素，拖动鼠标左键绘制路径，载入选区后填充白色，如右下图所示。

15 添加"描边"图层样式。双击"按钮"图层，勾选"描边"选项，参数设置如左下图所示；单击渐变色条，在打开的"渐变编辑器"对话框中，设置渐变色标为浅蓝（R：225，G：236，B：242）、蓝（R：190，G：206，B：215）、蓝（R：190，G：206，B：215）、浅蓝（R：225，G：236，B：242），如右下图所示。

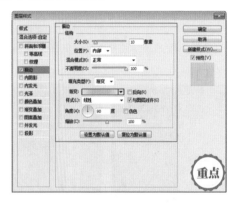

16 更改填充不透明度。添加"描边"图层样式后，效果如左下图所示；为了得到环形对象，更改"填充"为0%，隐藏图层内容，只显示"描边"图层样式，得到环形对象，如右下图所示。

17 创建"下侧图标"组。新建组，命名为"下侧图标"，新建图层，命名为"底图"，结合"矩形选框工具 "和"描边"命令绘制对象，更改"不透明度"为50%，如左下图所示。

18 继续绘制对象。新建图层，命名为"弧形对象"。选择工具箱中的"钢笔工具" ，绘制弧形路径，载入路径后，填充白色，更改"不透明度"为20%，如右下图所示。

19 添加素材。打开光盘中的素材文件8-2-03.tif，选中主体对象，复制粘贴到当前文件中，更名为"图标"，放置到下方适当位置，如左下图所示。

20 输入文字。设置前景色为白色，选择工具箱中的"横排文字工具" **T**，在图标下方输入文字，在属性栏中设置字体为"方正大黑简体"，字号为7点，如右下图所示。

21 添加投影。双击文字图层，打开图层样式对话框勾选"投影"选项，参数设置如左下图所示。

22 继续输入文字。使用相同的方法，在图标下方，继续输入其他说明文字，并添加"投影"图层样式，效果如右下图所示。

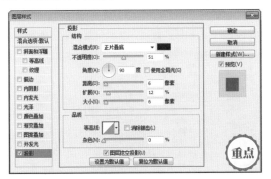

23 创建"上侧图标"组并添加素材。新建组，命名为"上侧图标"。打开光盘中的素材文件"8-2-04.psd"，选中主体对象，复制粘贴到当前文件中，更名为"图标"，放置到上方适当位置，如左下图所示。

24 添加文字。使用相同的方法，图标下方继续输入说明文字，设置字体和字号后，添加"投影"图层样式，效果如右下图所示。

　　由于图标太多，本案例没有一个一个地加上图标，而是将所有图标制作成素材供读者直接添加。需要注意的是，在实际工作中，如果需要一个一个添加图标时，手动添加通常不能完全对齐图标，需要通过"对齐与分布"命令进行对齐。

25 新建组。新建组，命名为"状态条"。新建图层，命名为"底色"。选择工具箱中的"矩形选框工具"，拖动鼠标左键创建矩形选区，填充深蓝色（R：4，G：19，B：42），如左下图所示。

26 输入文字。选择工具箱中的"横排文字工具"**T**，在图标上方输入文字，在属性栏中设置字体为"方正大黑简体"，字号为8.5点，降低"不透明度"为85%，如右下图所示。

27 绘制路径。新建图层，命名为"蓝牙标志"。选择工具箱中的"钢笔工具"，绘制并描边路径，更改"不透明度"为85%，如左下图所示。

28 添加"内阴影"图层样式。双击"蓝牙标志"图层，勾选"内阴影"选项，参数设置如右下图所示。

29 绘制信号标志并添加"内阴影"图层样式。新建图层，命名为"信号标志1"。选择工具箱中的"矩形选框工具"，拖动鼠标左键创建矩形选区，填充灰色（R：218，G：218，B：218）；双击"信号标志1"图层，勾选"内阴影"选项，参数设置如左下图所示。

30 复制图层并创建其他信号标志。复制"信号标志1"图层，更名为"信号标志2"。按【Ctrl+T】快捷键，执行"自由变换"命令，适当缩短对象。使用相同的方法创建其他信号标志，并依次缩小对象的高度，创建整体信号标志，如右下图所示。

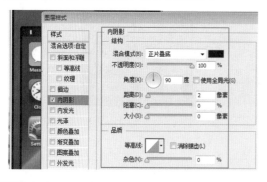

31 创建组。创建新组，命名为"喇叭"。新建图层，命名为"环形"。选择工具箱中的"圆角矩形工具"，绘制圆角矩形效果，填充白色，如左下图所示。

32 创建圆环效果。继续使用"圆角矩形工具" ▢ 绘制稍小的圆角矩形，按【Delete】删除多余图像，创建圆环效果，如右下图所示。

33 添加"渐变叠加"图层样式。双击"环形"图层，勾选"渐变叠加"选项，设置渐变色标为灰（R：10，G：10，B：10）、深灰（R：4，G：4，B：4），参数设置如左下图所示。

34 复制图层。复制"环形"图层，更名为"高光"，删除图层样式。选择工具箱中的"多边形套索工具" ▽，创建不规则选区，按【Delete】快捷键删除多余图像，如右下图所示。

 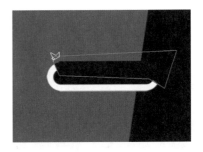

35 添加"渐变叠加"图层样式。双击"高光"图层，勾选"渐变叠加"选项，设置渐变色标为深浅不同的灰色（R：195，G：195，B：195），（R：54，G：54，B：54），（R：9，G：9，B：9），（R：41，G：41，B：41），参数设置如左下图所示；设置完成后的效果如右下图所示。

36 新建图层并添加图层样式。新建图层，命名为"图案"。使用"圆角矩形工具" ▢ 创建圆角矩形选区，填充黑色，如左下图所示；双击"图案"图层，勾选"内阴影"选项，参数设置如右下图所示。

 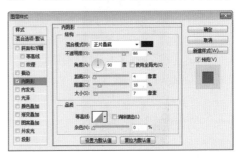

37 添加"斜面与浮雕"图层样式。勾选"斜面和浮雕"选项，参数设置如下图所示。

38 添加"图案叠加"图层样式。选择"图案叠加"选项，相关参数设置如右下图所示。

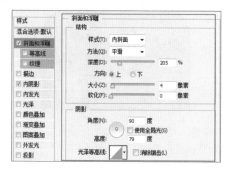
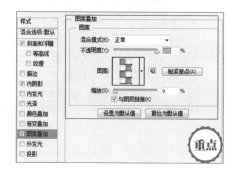

39 新建组。新建组，命名为"镜头"。新建图层，命名为"轮廓"。使用"椭圆选框工具" ○ 创建圆形选区，填充黑色，如左下图所示。

40 添加图层样式。双击"轮廓"图层，勾选"渐变叠加"选项，设置渐变色标（R：5、G：6、B：8），（R：46、G：60、B：62），（R：5、G：6、B：8）；其他参数设置如右下图所示。

41 添加素材。设置完成后，效果如左下图所示；为了使镜头更加真实，打开光盘中的素材文件"8-2-05.tif"，选中主体对象，复制粘贴到当前文件中，更名为"眼睛"，放置到适当位置，如右下图所示。

42 创建"缺口"组。创建组，命名为"缺口"。新建图层，命名为"底部缺口"。使用"矩形选框工具" □ 创建矩形选区，填充黑色，如左下图所示；新建图层，命名为"项部缺口"。使用"矩形选框工具" □ 创建矩形选区，填充黑色，如右下图所示。

43 创建"侧边按钮"组。创建组,命名为"侧边按钮"。新建图层,命名为"顶部按钮"。使用"圆角矩形工具" ▭ 绘制白色圆角对象,如左下图所示。

44 添加"渐变叠加"图层样式。双击"顶部按钮"图层,勾选"渐变叠加"选项,设置渐变色标为灰白相间,其他参数设置如右下图所示。

45 继续绘制按钮元素。新建图层,命名为"按钮元素"。使用工具箱中的"钢笔工具" ✐ 绘制自由形状路径,填充白色,效果如左下图所示;勾选"渐变叠加"选项,参数设置如右下图所示。

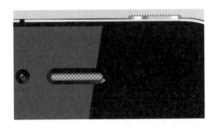 

46 继续绘制按钮。使用相似的方法继续绘制左侧的按钮对象,如左下图所示;复制两次左侧按钮,调整按钮的形状和位置,放置到适当位置,如右下图所示。

47 盖印图层。选中"侧边按钮"和"轮廓"组之间的所有图层,如左下图所示;按【Alt+Ctrl+E】快捷键盖印图层,更名为"倒影",如右下图所示。

盖印图层

盖印可以将多个图层的内容合并为一个目标图层，同时使其他图层保持完好。

按【Ctrl+Alt+E】快捷键可以盖印除背景图层外的多个选定图层，系统将自动创建一个包含合并内容的新图层；按【Shift+Ctrl+Alt+E】快捷键可以盖印所有可见图层，并在图层面板最上方自动创建图层。

48 添加高斯模糊效果。执行"滤镜→模糊→高斯模糊"命令，设置"半径"为5像素，使倒影对象变得模糊，如左下图所示。

49 垂直翻转对象。执行"编辑→变换→垂直翻转"命令，垂直翻转"倒影"图层，如右下图所示。

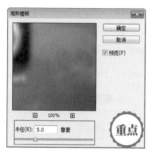

50 移动对象。按住【Shift】键，将图层垂直移动到下方位置，降低图层"不透明度"为50%，如左下图所示。

51 添加素材。打开素材文件8-2-06.tif，选中图标对象，复制粘贴到当前文件中，更名为"图标"，如右下图所示。

52 添加投影效果。双击"图标"图层，勾选"投影"选项，设置参数，如左下图所示；设置完成后效果如右下图所示。

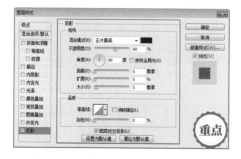

53 输入字母。选择工具箱中的"横排文字工具"**T**，在图像中输入字母，在属性栏中设置字体为"Arial"，字号为39点，如左下图所示。

54 继续输入字母。继续使用"横排文字工具"**T**在图像中输入字母，在"字符"面板中设置字体为"Arial"，字号为16点，单击"斜体"按钮**T**，最终效果如右下图所示。

　　在手机效果图右侧，添加手机图标和简短的文字说明，可以使顾客在观看效果图的同时，了解手机的基本配置，传达出更加丰富和直观的产品信息。

案例 **03** 房地产DM广告设计

制作分析

	制作关键
★ ★ ★ ★ ☆ **本例难易度**	本实例分为正面和背面两大部分。正面部分首先制作出复古怀旧的背景，然后以欧式的花纹配合精致的木边框，把正面中艺术感极强的楼盘外观衬托得如人间仙境。至于外页部分，首先选择使用"添加杂色"制作出纸张的质感，然后将楼盘别墅通过虚化边缘的方式呈现出来，最后配上地图和文字，完成制作。

技能与知识要点		
• "椭圆选框工具"	• "横排文字工具"	• "羽化"命令
• 图层混合	• "钢笔/渐变工具"	• "曲线"命令
• 创建参考线	• "添加杂色"命令	

具体步骤

01 新建文件。按【Ctrl+N】快捷键，新建一个宽度为2172像素、高度为1024像素、分辨率为300像素/英寸的文档，如左下图所示。

02 创建参考线。执行"视图→新建参考线"命令，弹出"新建参考线"对话框，在"位置"框内单击鼠标右键，在弹出的菜单中选择"%"，设置"位置"参数为25%，如右下图所示。

03 继续创建参考线。通过前面的操作，在图像中新建参考线，如左下图所示。使用同样的方法，分别创建"位置"为50%、75%的参考线，如右下图所示。

04 打开素材。打开素材文件8-3-01.jpg，将其拖入到背景图像中，效果如左下图所示。

05 设置图层混合模式。在"图层"面板中修改图层名称为"底色1"，复制图层，命名为"底色2"，设置其图层混合模式为"叠加"，如右下图所示。

06 绘制图像。在"图层"面板中新建图层，命名为"黄色带"，设置前景色颜色值为（R：255、G：233、B：106），选择工具箱中的"画笔工具" ✐，在图像中涂抹绘制，设置图层混合模式为"滤色"，如左下图所示。

07 绘制路径。选择工具箱中的"钢笔工具" ✐，在图像中绘制路径，如右下图所示。

图层混合模式

知识扩展

  图层混合模式是指一个层与其下图层的色彩叠加方式，系统默认所使用的是正常模式，除了正常以外，还有很多种混合模式，例如叠加、柔光，强光等，它们都可以产生迥异而奇特的合成效果。

08 绘制金色带。在"图层"面板中新建图层，命名为"金色带"，选择工具箱中的"钢笔工具" ✐，在图像中绘制路径，按【Ctrl+Enter】快捷键将路径转换为选区，如左下图所示。

09 填充渐变。选择工具箱中的"渐变工具" ▦，单击其选项栏中的渐变颜色条，打开"渐变编辑器"，设置渐变颜色的颜色值为（R：152、G：102、B：33）、（R：237、G：225、B：113）、（R：152、G：102、B：33），如右下图所示。

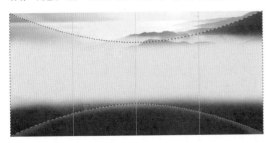

10 填充渐变色。在选区内从左至右拖动鼠标，填充渐变，执行"选择→取消选择"命令取消选择，如左下图所示。

11 更改图层混合模式。在"图层"面板中，将"金色带"的混合模式设置为"颜色加深"，如右下图所示。

12 打开素材。打开素材文件8-3-02.png，将其拖入到制作的DM广告中，并将图层名称修改为"装饰"，如左下图所示。

13 创建选区。选择工具箱中的"矩形选框工具" ▣，在图像中创建选区，如右下图所示。

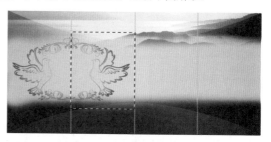

14 移动图像。使用"移动工具" ▶✦ 按住【Shift】键，将选区内的内容拖动到DM广告的右侧，执行"选择→取消选择"命令取消选择，图像效果如左下图所示。

15 载入选区。按住【Ctrl】键，单击"金色带"图层缩略图，将其载入选区，执行"选择→反向"命令，将选区反相，效果如右下图所示。

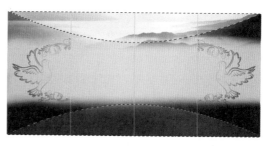

16 新建图层。在"图层"面板中，新建图层，命名为"白边"，并将其放到"黄色带"图层下方，如左下图所示。

17 绘制图像。选择工具箱中的"画笔工具" ✏，设置"不透明度"为50%，在选区边缘涂抹，执行"选择→取消选择"命令取消选择，效果如右下图所示。

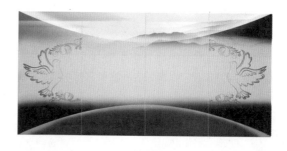

18 打开素材。打开素材文件8-3-03.jpg，将其拖入到DM广告中，执行"编辑→自由变换"命令，将图像缩小，如左下图所示。

19 创建选区。按【Enter】键确定变换，选择工具箱中的"矩形选框工具"，按住【Shift】键在图像中创建选区，如右下图所示。

20 删除多余图像。按【Delete】键删除选区内的内容，执行"选择→取消选择"命令取消选择，修改图层的名称为"楼盘"，如左下图所示。

21 执行"曲线"命令。执行"图像→调整→曲线"命令，在弹出的对话框中设置参数，如右图所示。

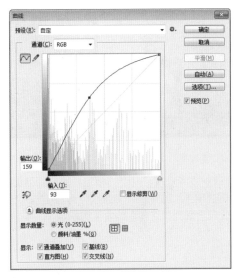

22 执行"色彩平衡"命令。执行"图像→调整→色彩平衡"命令，在弹出的对话框中设置色阶值（5，0，-100），如左下图所示。单击"确定"按钮，图像效果如下图。

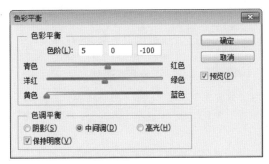

23 复制图层。复制"楼盘"图层，命名为"楼盘2"，设置其图层混合模式为"叠加"，如左下图所示。设置好图层混合模式后，图像效果如右下图所示。

24 复制图层。按住【Ctrl】键单击"楼盘"的缩略图，将其载入选区，新建一个图层命名为"描边"，如左下图所示。

25 选区描边。执行"编辑→描边"命令，弹出"描边"对话框，设置"宽度"为10像素，"颜色"色值为（R：255、G：174、B：47），如右下图所示。

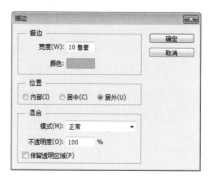

26 描边效果。单击"确定"按钮，执行"选择→取消选择"命令，取消选择，描边效果如左下图所示。

27 添加投影效果。双击"描边"图层，弹出"图层样式"对话框，在对话框左侧选择"投影"，设置"不透明度"为75%，"角度"为120度，"距离"为4像素，"扩展"为0%，"大小"为4像素，勾选"使用全局光"选项，如右下图所示。

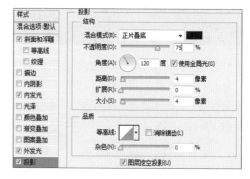

28 添加外发光效果。在"图层样式"对话框中，选择"外发光"选项，设置"混合模式"为滤色，发光颜色为黄色（R：255、G：228、B：0），"不透明度"为100%，"扩展"为0%，"大小"为1像素，"范围"为50%，"抖动"为0%，如左下图所示。

29 添加内发光效果。在"图层样式"对话框中，勾选"内发光"选项，设置发光颜色为浅黄色（R：255、G：225、B：190），"不透明度"为100%，"阻塞"为0%，"大小"为4像素，"范围"为50%，"抖动"为0%，如右下图所示。

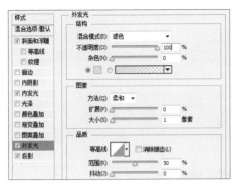
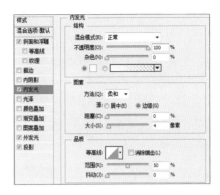

30 添加斜面和浮雕效果。双击图层，在打开的"图层样式"对话框中，勾选"斜面和浮雕"选项，设置"样式"为"浮雕效果"，"方法"为"平滑"，"深度"为2%，"方向"为上，"大小"为35像素，"软化"为7像素，"角度"为120度，"亮度"为30度，"高光模式"为"滤色"，"不透明度"为75%，"阴影模式"为"正片叠底"，"不透明度"为75%，如左下图所示。通过前面的操作，图像效果如右下图所示。

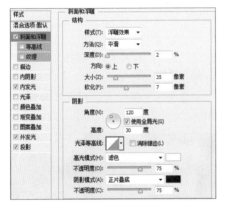

31 添加素材。打开素材文件8-3-02.png，将其拖入到DM广告中，并执行"编辑→自由变换"命令调整大小，并将其移动到适当的位置，按【Enter】键确定变换，修改图层名称为"logo"，如左下图所示。

32 添加斜面和浮雕效果。双击图层，在打开的"图层样式"对话框中，勾选"斜面和浮雕"选项，设置"样式"为"浮雕效果"，"方法"为"平滑"，"深度"为100%，"方向"为上，"大小"为4像素，"软化"为0像素，"角度"为120度，"亮度"为30度，"高光模式"为"滤色"，"不透明度"为75%，"阴影模式"为"正片叠底"，"不透明度"为75%，如右下图所示。

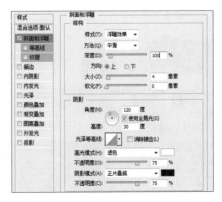

33 输入文字。设置前景色为橙色（R：233、G：129、B：0），选择工具箱中的"横排文字工具" T，设置字体为"汉仪行楷简"，字体大小为24点，在图像中输入文字"光华苑"，效果如左下图所示。

34 输入文字。按住【Ctrl+Alt】快捷键拖动"logo"图层后面的"指示图层效果"图标 至文字图层的后面，复制图层样式，效果如右下图所示。

在文字下方添加浮雕阴影效果后可以增加文字的厚重感，使文字内容更加突出，也使主体思想更加明确。

35 输入文字。设置前景色色值为（R：151、G：61、B：0），选择工具箱中的"横排文字工具" T，设置字体为"黑体"，字体大小为7点，在图像中输入文字，如左下图所示。

36 调整对比度。设置前景色为白色，选择工具箱中的"横排文字工具" T，设置字体为"华文中宋"，字体大小为10点，在图像中输入文字，如右下图所示。

37 输入文字。选择工具箱中的"横排文字工具" T，设置字体为"黑体"，字体大小为7点，在图像中输入文字，如左下图所示。

38 创建选区。在"图层"面板中新建图层，命名为"分割线"，选择"矩形选框工具" 在图像中创建选区，如右下图所示。

39 填充选区。设置前景色为白色，按【Alt+Delete】快捷键填充选区，执行"选择→取消选择"命令取消选择，如左下图所示。

40 更改不透明度。在"图层"面板中，将"黄色带"和"白边"图层的"不透明度"调整为50%，执行"视图→显示额外内容"命令，房地产DM广告正面设计完成，效果如右下图所示。

41 新建文件。按【Ctrl+N】快捷键，新建一个宽度为2172像素，高度为1024像素，分辨率为300像素/英寸的文档，如左下图所示。

42 创建参考线。执行"视图→新建参考线"命令，弹出"新建参考线"对话框，设置"位置"参数分别为25%、50%、75%，创建参考线，效果如右下图所示。

43 新建图层。在"图层"面板中新建图层，命令为"底色"，设置前景色（R：244、G：193、B：39），按【Alt+Delete】快捷键填充颜色，效果如左下图所示。

44 添加"杂色"滤镜效果。执行"滤镜→杂色→添加杂色"命令，弹出"添加杂色"对话框，设置"数量"为10%，"分布"为高斯分布，勾选"单色"选项，如右图所示。

45 添加素材并创建选区。打开素材文件8-3-04.jpg，选择工具箱中的"椭圆选框工具"□在图像中创建选区，如左下图所示。

46 羽化选区。执行"选择→修改→羽化"命令，弹出"羽化选区"对话框，设置"羽化半径"为20像素，单击"确定"按钮，如下图所示。

47 移动图像。选择工具箱中的"移动工具" ，将选区中的图像移动到DM背面中，如左下图所示。

48 变换图像。执行"编辑→自由变换"命令，将图像缩小并移动到相应的位置，按【Enter】确定变换，修改图层名称为"楼盘"，如右下图所示。

49 添加素材。打开光盘中的素材文件8-3-05.png，拖入到DM背面中，并通过"自由变换"命令调整大小，如左下图所示。

50 创建选区。在"图层"面板中新建图层，并命名为"装饰"，选择工具箱中的"椭圆选框工具" ，在图像中按住【Shift】键创建选区，如右下图所示。

51 羽化选区。执行"选择→修改→羽化"命令，弹出"羽化选区"对话框，设置"羽化半径"为2像素，单击"确定"按钮，如左下图所示。

52 填充选区。设置前景色（R：199、G：1、B：0），按【Alt+Delete】快捷键填充颜色，执行"选择→取消选择"命令取消选择，如右图所示。

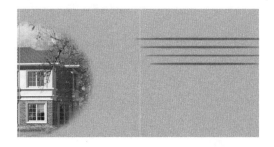

53 更改不透明度并复制图层。设置"装饰"图层的"不透明度"为70%，复制"装饰"图层，命名为"装饰2"，如左下图所示。

54 翻转对象。执行"自由变换"命令，在定界框内右击鼠标，在弹出的菜单中选择"水平翻转"，并将其移动到DM单的最左边，按【Enter】键确定变换，效果如右下图所示。

55 添加文字。在制作的DM单正面中，将"光华苑"文字图层所对应的文字拖入到DM单背面，并将其移动到相应的位置，如左下图所示。

56 继续添加文字。将"碧水流金 华殿献贵"文字图层，拖入到DM单背面中，并拖入到相应的位置，如右下图所示。

57 输入文字。设置前景色（R：151、G：61、B：0），选择工具箱中的"横排文字工具" T ，设置字体为"黑体"，字体大小为5点，在图像中输入文字，如左下图所示。

58 创建选区。在"图层"面板中，新建图层命名为"分割线"，选择工具箱中的"矩形选框工具" 在图像中按住【Shift】键创建选区，如右下图所示。

59 填充分割线。设置前景色（R：151、G：61、B：0），按【Alt+Delete】快捷键填充颜色，执行"选择→取消选择"命令取消选择，效果如左下图所示。

60 隐藏参考线。执行"视图→显示额外内容"命令，隐藏参考线，DM广告背面效果制作完成，整体效果如右下图所示。

案例 04 花颜悦色珠宝化妆品节宣传海报

案例效果

制作分析

制作关键
本实例首先需要选择鲜艳、色彩丰富的素材，并进行组合，然后重点制作文字效果，也是本实例的难点，要求整体构思明媚、鲜艳、雅致。
技能与知识要点

本例难易度 ★★★★☆

- "横排文字工具"和"橡皮擦工具"的使用
- "色彩平衡"调整图层
- "钢笔工具"和"渐变工具"的使用
- "自由变换"命令

具体步骤

01 新建文件并创建选区。按【Ctrl+N】快捷键，弹出"新建"对话框，设置"宽度"为20厘米、"高度"为30厘米、"分辨率"为300像素/英寸，如左下图所示。

02 添加素材。打开素材文件8-4-01.jpg，复制粘贴到当前文件中，更名为"底图"，如右下图所示。

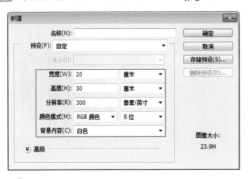

本海报要求实际尺寸为宽度40厘米、亮度60厘米，因为讲述需要，这里适当缩小尺寸，制作宽度为20厘米、宽度为30厘米的竖形海报，本书中多数实例都采用此方法，用户只需掌握长宽比例制作方法即可。

03 继续添加素材。打开光盘中的素材文件8-4-02.tif，复制粘贴到当前文件中，更名为"人物"，如左下图所示。

04 输入文字。选择工具箱中的"横排文字工具" **T**，在图像上方输入文字，设置字体为"方正小标宋简体"，字号为65点，"颜"字的字号为90点，文字颜色为红色（R：230、G：0、B：18），如右下图所示。

花颜悦色

05 栅格化文字。执行"图层→栅格化→文字"命令，将文字图层转换为普通图层，如左下图所示。

06 擦除部分笔画。选择工具箱中的"橡皮擦工具" ，在文字上按住鼠标左键拖动进行涂抹，删除部分笔画，为绘制装饰文字作好准备，如右下图所示。

07 绘制路径。选择工具箱中的"钢笔工具" ✍，单击属性栏中的"路径"按钮 ▨，绘制"花"字右侧的笔画路径，如下左图所示；将"工作路径"拖动到"创建新路径"按钮上，存储"工作路径"为"路径1"，如右下图所示。

> **大师心得**
>
> 使用"钢笔工具" ✍ 绘制路径时，在"路径"面板中，默认存储为"工作路径"，将其拖动到"创建新路径"按钮 ▣ 上，可以将"工作路径"存储为"路径1"。
> 如果未创建新路径，再次绘制路径时，将根据属性栏中的设置，与原路径进行合并、相减、相交等操作，不利于对分离路径单独进行操作。

08 继续绘制路径。在"路径"面板中，单击"创建新路径"按钮，新建"路径2"，如左下图所示；继续使用"钢笔工具" ✍ 绘制"颜"字右侧的笔画路径，如右下图所示。

> **大师心得**
>
> 使用"钢笔工具" ✍ 绘制曲线时，按住【Alt】键，单击描点可以改变该锚点的性质，例如，将平滑描点改变为尖突锚点。该方法常用于勾画对象形状中。

09 继续绘制路径。在"路径"面板中，单击"创建新路径"按钮，新建"路径3"，如左下图所示；继续使用"钢笔工具" ✍ 绘制"悦"和"色"字的笔画路径，如右下图所示。

10 填充路径。单击"路径1"，单击面板下方的"将路径转换为选区"按钮 ▣（将路径转换为选区快捷键：【Ctrl+Enter】），将路径转换为选区，如左下图所示；填充红色（R：230、G：0、B：18），如右下图所示。

11 填充路径。单击"路径2",单击面板下方的"将路径转换为选区"按钮◎,或者按【Ctrl+Enter】快捷键,将路径转换为选区,如左下图所示;填充红色(R:230、G:0、B:18),如右下图所示。

12 再次填充路径。单击"路径3",单击面板下方的"将路径转换为选区"按钮◎(将路径转换为选区快捷键:【Ctrl+Enter】),如左下图所示;填充红色(R:230、G:0、B:18),整体文字效果如右下图所示。

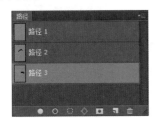 

> 在商业设计过程中,对文字笔画进行调整和变换,常会起到超过画面的视觉效果,在这样的设计中,文字不仅能起到传递信息的作用,还能作为装饰图案,提升整体设计的效果。需要注意的是,在设计和变幻的过程中,文字笔画必须流畅,否则会影响整体和谐。
>
> 大师心得

13 擦除图像。擦除笔画尖端突出的多余内容,使笔画顺畅,如左下图所示。

14 输入文字。设置前景色为墨绿色(R:69、G:145、B:107),选择工具箱中的"横排文字工具"T,在图像上方输入文字,设置字体为"方正水柱简体",设置字号为25点,如右下图所示。

15 输入文字并变换文字。继续使用"横排文字工具" **T**，设置字体为"方正超粗黑简体"，设置字号为35点，在图像中输入字母；按【Ctrl+T】快捷键，执行"自由变换"命令，拖动右侧的变换点，更改文字的宽度，如左下图所示。

16 继续输入文字。选择工具箱中的"横排文字工具" **T**，设置字体为"汉仪中等线简"，字号为9点，输入文字；设置字号为5.5点，在"字符"面板中，设置行间距为5点，继续输入文字，如右下图所示。

17 绘制自由形状。新建图层，命名为"花瓣"，选择工具箱中的"自定形状工具" 🟦，单击属性栏中的"填充像素"按钮🔲，在"形状"预设下拉列表框中，选择一种自定形状，在图像中拖动鼠标左键绘制对象，按住【Ctrl】键，单击"花瓣"图层的缩览图输入选区，如左下图所示。

18 复制自由形状。按住【Alt】键拖动花瓣复制对象，如右下图所示。

大师心得　按住【Alt】键拖动复制对象时，如果当前对象处于被选区工具选中状态，则复制的对象位于相同图层中；如果当前对象处于未被选区工具选中状态，则复制的对象位于新图层中。

19 添加素材。打开光盘中的素材文件8-4-03.jpg，选中主体对象，复制粘贴到当前文件中，更名为"色块"，移动到图像左上方，增加视觉冲击力，如左下图所示。

20 继续添加素材。打开光盘中的素材文件8-4-04.jpg，选中主体对象，复制粘贴到当前文件中，更名为"花朵"，移动到图像右上方，平衡整体版面，如右下图所示。

21 复制对象。复制"花朵"图层，按【Ctrl+T】快捷键，执行"自由变换"命令，适当缩小对象，移动到左上方，增加画面的层次感，如左下图所示。

22 更改文字颜色。设置前景色为墨绿色（R：71、G：146、B：109），背景色为绿色（R：126、G：192、B：40），使用"矩形选框工具" 选中"悦"字，如右下图所示。

23 添加渐变填充。设置前景色为绿色（R：113、G：182、B：55），背景色为深绿色（R：71、G：146、B：109）。选择工具箱中的"渐变工具" ，从选区右侧向左侧拖动鼠标左键，填充渐变色，如左下图所示。

24 继续添加渐变填充。使用"多边形套索工具"选中"色"字，使用"渐变工具" 从选区右下方向左上方拖动鼠标左键，填充渐变色，效果如右下图所示。

25 创建调整图层。因为人物脸色偏青，需要校正偏色，单击"人物"图层，单击"创建新的调整或填充图层"按钮 ，在打开的快捷菜单中选择"色彩平衡"选项，如左下图所示；在"人物"图层上方创建"色彩平衡1"调整图层，如右下图所示。

26 设置"色彩平衡"调整面板。单击"剪切到当前图层" 按钮，将色彩调整只应用于下方的"人物"图层，设置"中间调"色阶，如左下图所示；设置"高光"色阶，如中下图所示；调整色彩后，效果如右下图所示。

27 恢复树叶颜色。调整色彩后，绿色的树叶同时被改变，需要恢复树叶的绿叶，设置前景色为黑色，选择工具箱中的"画笔工具" ，在绿叶部分涂抹，修改"色彩平衡1"图层蒙版，如左下图所示；继续涂抹，恢复部分颜色，如右下图所示。

创建调整图层时，将自动创建显示全部的蒙版图层，直接修改蒙版，可以使色彩调整只影响需要的图像区域。

28 调整文字位置。选择上方的两个文字图层，向下方移动一段距离，使其位于版面的视觉中心，如左下图所示。

29 添加装饰图案。打开光盘中的素材文件8-4-05.jpg，选中主体对象，复制粘贴到当前文件中，更名为"蝴蝶"，移动到适当位置，最终效果如右下图所示。

案例 **05** 手机宣传DM单广告设计

案例效果

制作分析

本例难易度 ★★★☆☆

制作关键

本实例运用靓丽的多色彩，结合该款手机的特质制作出炫丽的手机广告，首先制作广告背景效果，接下来制作装饰花纹，最后添加素材和文字，完成整体效果制作。

技能与知识要点

- 横排文字工具
- 钢笔工具
- 渐变工具
- 变换操作
- 自定形状工具

具体步骤

01 新建文件。按【Ctrl+N】快捷键，在打开的"新建"对话框中，设置"宽度"为10.16厘米，"高度"为7.18厘米，"分辨率"为300像素/英寸，如左下图所示。

02 填充渐变色。单击选择工具箱中的"渐变工具" ，把前景色设置为蓝色（R：5、G：144、B：208），在其选项栏中单击"径向渐变"按钮，在图中单击并拖动鼠标，填充渐变色，如右下图所示。

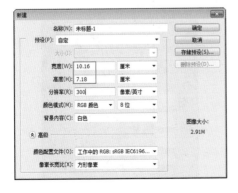

03 添加素材并变换对象。打开光盘中的素材文件8-5-01.png，单击选择工具箱中的"移动工具" ，把该图像拖动至之前的文件中，得到新图层"图层1"，按【Ctrl+T】快捷键，打开自由变换定界框，单击拖动控制点，缩小图像，效果如左下图所示。

04 设置图层混合模式和不透明度。在"图层"面板中，设置图层混合模式设置为"明度"，"不透明度"为10%，如右下图所示。

05 绘制路径。单击选择工具箱中的"钢笔工具" ，在图像中单击并拖动鼠标，创建路径，如左下图所示。

06 填充渐变色。按【Ctrl+Enter】快捷键，把路径转换为选区，把前景色设置为红色（R：241、G：43、B：131），背景色设置为深红色（R：203、G：23、B：22），单击选择工具箱中的"渐变工具" ，在其选项栏中单击"对称渐变"按钮 ，单击"图层"面板底部的"创建新层"按钮，得到新图层"图层2"，在选区中单击并拖动鼠标，填充渐变色，如右下图所示。

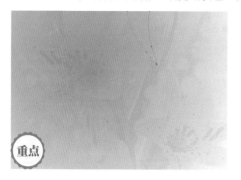

07 绘制其他路径并填充颜色。按照前面的方法，绘制其他另外的路径，并填充颜色，如左下图所示。

08 盖印图层。隐藏"背景"图层、"图层1"，选中"图层6"，按【Ctrl+Shift+Alt+E】快捷键，盖印可见图层，得到新图层"图层7"，如右下图所示。

09 变换对象。选中"图层7"，按【Ctrl+T】快捷键，打开自由变换定界框，在定界框中右击鼠标，在弹出的快捷菜单中选择"旋转180度"命令，单击拖动控制点，放大图像，如左下图所示。

10 绘制路径并填充颜色。单击选择工具箱中的"钢笔工具" ✐ ，在图中绘制路径，按【Ctrl+Enter】快捷键，把路径转换为选区，新建图层"图层8"，为选区填充颜色（R：221、G：174、B：89），效果如右下图所示。

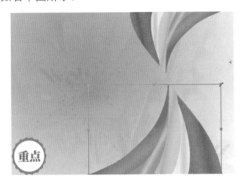

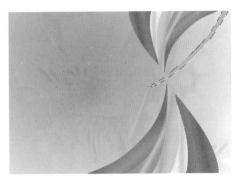

11 继续绘制路径并填充颜色。按照之前的方法，绘制其他路径并填充颜色，如左下图所示。

12 添加素材。打开光盘中的素材文件8-5-02.jpg，单击选择工具箱中的"魔棒工具" ，在图像背景处单击创建选区，把背景全部选中，如右下图所示。

13 移动并调整对象。执行"选择→反向"命令，反选选区，单击选择工具箱中的"移动工具" ，把手机拖动至之前的图像中，得到新图层"图层9"，按【Ctrl+T】快捷键，打开自由变换定界框，单击拖动控制点，调整图像大小，调整完成后按【Enter】键确定，如左下图所示。

14 添加手机素材。打开光盘中的素材文件8-5-03.jpg，单击选择工具箱中的"魔棒工具" ，在图像背景处单击创建选区，把背景全部选中，按照上一步的方法移动、缩小并旋转图像，如右下图所示。

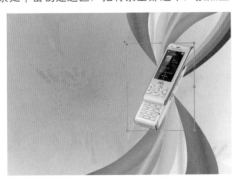

15 添加花朵素材。打开素材文件8-5-04.png，单击选择工具箱中的"移动工具" ⊞，将花朵移动到之前的图像中，得到新图层"图层10"，按【Ctrl+T】快捷键缩放、旋转并移动图像到合适位置，把该图层置于手机图层下，如右图所示。

使用花朵作为背景，可以衬托出该粉色手机柔美的特质。

16 复制对象。选中"图层11"，按【Ctrl+J】快捷键复制图层，得到新图层"图层11"，【Ctrl+T】快捷键缩放旋转并移动图像至合适位置，如左下图所示。

17 继续复制并调整花朵。按照上一步的方法，复制图层并旋转和移动图像至合适位置，如右下图所示。

18 添加素材。打开光盘中的素材文件8-5-05.png，单击选择工具箱中的"移动工具" ⊞，把叶子移动至之前的图像中，得到新图层"图层12"，按【Ctrl+T】快捷键缩放、旋转并移动图像至合适位置，将该图层置于所有花朵图层下，如左下图所示。

19 复制图层并移动图像。按照步骤16的方法，复制图层并旋转和移动图像，复制4个图层，并旋转图像至如右下图所示的位置。

20 新建组。单击"图层"面板底部的"创建新图层"按钮 ，得到新图层"图层13"，把前景色设置为白色，单击选择工具箱中的"自定形状工具" ，在其选项栏中单击"填充像素"按钮，单击"形状"下拉按钮，在弹出的面板中选择"圆形边框"形状，如左下图所示。

21 绘制圆形对象。在图中单击并拖动鼠标绘制圆形，圆形边较细的可选择"形状"面板中的"窄边圆形边框"形状，在图中随意绘制，绘制完成后，设置"图层13"的图层混合模式为"叠加"，如中下图所示。

22 复制图层。单击选择工具箱中的"多边形工具" ，在其选项栏中单击"填充像素"按钮，单击"几何选项"下拉按钮，在弹出的"多边形选项"面板中勾选"星形"复选框，设置"缩进边依据"为95%，设置"边"为4，如右下图所示，设置前景色为白色。

  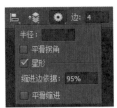

23 绘制星形。单击"图层"面板底部的"创建新图层"按钮 ，得到新图层"图层14"。在图中单击并拖动鼠标，绘制星光，得到的效果如左下图所示。

24 添加手机素材。打开光盘中的素材文件8-5-06.jpg，单击选择工具箱中的"魔棒工具" ，在图中单击并选中背景，执行"选择→反向"命令，反选手机，单击选择工具箱中的"移动工具" ，把手机移动至之前的文件中，得到新图层"图层15"，并调整其位置和大小，如右下图所示。

25 复制对象。选中"图层15"，按【Ctrl+J】快捷键复制图层，得到新图层"图层15副本"，按【Ctrl+T】快捷键，打开自由变换定界框，单击拖动控制点往下拖动，把图像翻转180度并压扁，设置完成按【Enter】键确定，如左下图所示。

26 复制对象。单击选择工具箱中的"渐变工具" ，把前景色设置为黑色，背景色设置为白色，在其选项栏中单击"线性渐变"按钮，单击"图层"面板底部的"添加图层蒙板"按钮 ，在倒影处单击并拖动鼠标，在蒙板中填充渐变色，效果如右下图所示。

27 添加手机素材。打开光盘中的素材文件8-5-07.jpg，按照步骤24至步骤26的方法，把该图像抠出并拖入文件中，得到新图层"图层16"，复制图层并制作倒影，如左下图所示。

28 添加Logo素材。打开光盘中的素材文件8-5-08.jpg，按照之前的方法抠出Logo并移动至之前的文件中，按【Ctrl+T】快捷键打开自由变换定界框，单击并拖动控制点，调整图像大小，如右下图所示。

29 输入文字。单击选择工具箱中的"横排文字工具" T，在其选项栏中把字体设置为"方正粗倩简体"，文字大小设置为8.5点，把前景色设置为黑色，在图像左上角Logo后输入文字"Sedy Ecccsson"，如左下图所示。

30 复制Logo并输入文字。按【Ctrl+J】快捷键复制Logo图层，把前景色设置为黑色，选择工具箱中的"横排文字工具" T，在选项栏中设置字体为"方正兰亭细黑_GBK"，设置文字大小为15点，在图中左下角输入文字"我音乐一起听"，把复制的Logo拖动至字中间，如右下图所示。

31 输入文字。单击选择工具箱中的"横排文字工具" T，在其选项栏中设置字体为"黑体"，设置文字大小为12点，把前景色设置为白色，在图中输入文字"W888c"，如左下图所示。

32 继续输入文字。按照上一步相同的方法，输入文字"随身听手机"，字体与上一步相同，设置文字大小为4点，最终效果如右下图所示。

案例 **06** 苹果汁包装设计

制作分析

	制作关键
本例难易度 ★★★★★	本实例首先制作包装展开图，包装整体色彩清新、淡雅，突出苹果汁为健康食品的主题；展开图制作完成后，接着制作包装立体效果图，效果图的制作要注意正确的透视角度和明暗，最后进行细节调整。

技能与知识要点	
• 渐变工具、画笔工具、钢笔工具	• 通道混合器、曲线、色阶命令
• 图层样式、对象变换、圆角矩形工具	• 横排文字工具、直线工具
• 矩形选框工具、自定形状工具	

具体步骤

01 新建文件。按【Ctrl+N】快捷键，在打开的"新建"对话框，设置"宽度"为14厘米，"高度"为14厘米，"分辨率"为300像素/英寸，如左下图所示。

02 新建图层。设置前景色为浅绿色（R：175、G：237、B：165），选择工具箱中的"矩形选框工具"，拖动鼠标左键创建选区，按【Alt+Delete】快捷键填充前景色，如右下图所示。

03 创建"形状1"图层。设置前景色为浅绿色（R：211、G：255、B：204），选择工具箱中的"圆角矩形工具"，在属性栏中单击"形状图层"按钮，设置"半径"为50像素，在图像中拖动创建"形状1"图层，如左下图所示。

04 修改圆角矩形形状。为了使包装外轮廓更加丰富，结合"直线选择工具"和"钢笔工具"，调整路径形状，使左上方出现内陷的形状效果，如右下图所示。

05 添加描边。为了突出形状1轮廓，双击"形状1"图层，勾选"描边"选项，设置参数如左下图所示；描边效果如右下图所示。

06 新建图层。设置前景色为绿色（R：45、G：146、B：62），新建图层，命名为"绿条"，使用工具箱中的"矩形选框工具"绘制矩形，按【Alt+Delete】快捷键填充前景色，如左下图所示。

07 添加图层蒙版。单击"添加图层蒙版"按钮，使用"矩形选框工具"绘制矩形，填充黑色，修改蒙版，隐藏部分图像，如右下图所示。

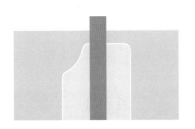 

08 输入文字。设置前景色为白色，选择工具箱中的"横排文字工具" T，在图像中输入文字，在"字符"面板中设置字体为"仪海韵体"，字号为32点，"字间距"为-170，使文字显得紧凑，如下图所示。

09 继续输入文字。继续使用"横排文字工具" T输入文字，在属性栏中设置字体为"方正大标宋简体"，字号为34点，如右下图所示。

10 描边文字。为了描边文字，双击"花儿"文字图层，勾选"描边"选项，设置"大小"为5像素，描边颜色为绿色（R：45、G：146、B：62），如左下图所示。

11 输入文字并添加描边。使用"横排文字工具" T继续输入"汁"字，在"属性"栏中设置字体为"仪雪君体"，字号为73点，使用相同的方法添加"描边"图层样式，设置描边"大小"为6像素，效果如右下图所示。

12 添加素材。打开光盘中的素材文件8-6-01.jpg，选中主体对象，复制粘贴到当前文件中，更名为"苹果"，如左下图所示。

13 添加投影图层样式。双击"苹果"图层，勾选"投影"选项，为苹果添加投影效果，设置参数如右下图所示。

14 复制苹果对象。将"苹果"图层拖动到"创建新图层"按钮 上，复制该图层，命名如"底图"，并移动到适当位置，调整对象大小，如左下图所示。

15 复制多个对象。按住【Ctrl】键，单击"底图"缩览图，载入选区，按住【Alt】键，拖动复制多个对象，并调整复制对象的大小和位置，如右下图所示。

16 更改"不透明度"并添加图层蒙版。底图的效果太过明显，降低"不透明度"为20%，添加图层蒙版，使用"矩形选区工具" 创建选区，选中上方区域，填充黑色，隐藏图像，如左下图所示；将"底图"图层移动到"苹果"图层下方，效果如右下图所示。

17 调整苹果色彩。苹果颜色太过暗淡，单击选中"苹果"图层，执行"图像→调整→通道混合器"命令，选择"输出通道"为"绿"，设置"绿"通道的"绿色"百分比为+116%，如左下图所示；调整苹果色彩后，苹果的颜色变得鲜亮，如右下图所示。

18 创建"曲线"调整图层。调整苹果色彩后，整体画面的明暗还是太过灰暗，单击"添加新的填充或调整图层"按钮 ，在打开的快捷菜单中，选择"曲线"选项，在打开的"曲线"调整面板中，拖动调整曲线形状，如左下图所示。

19 调整"曲线"效果。调整"曲线"后，提高画面的明暗对比度，效果如右下图所示。

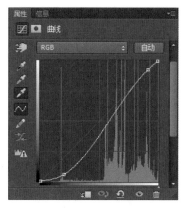 

20 绘制箭头形状。新建图层，命名为"箭头"，选择工具箱中的"自定形状工具" ，绘制箭头形状，填充为绿色（R：45、G：146、B：62），继续绘制稍小的箭头形状，填充白色，创建箭头轮廓效果，如左下图所示。

21 输入文字。选择工具箱中的"横排文字工具" ，在箭头内部输入文字，在属性栏中设置字体为"黑体"，字号为8点；继续在右侧输入文字，设置字体为"汉仪海韵体简"，字号为6点，如右下图所示。

22 继续输入文字。选择工具箱中的"横排文字工具" ，在图像左侧输入文字，并设置"花儿"的字体为"汉仪海韵体简"，字号为15点；"苹果"的字体为"汉仪小标宋简"，字号为20点；"汁"的字体为"汉仪雪君体"，使用前面的方法创建文字效果，如左下图所示。

23 继续输入段落文字。拖动"横排文字工具" 创建段落文本，在"字符"面板中设置字体为"方正小标宋简体"，字号为6点，字间距为25，行间距为7.6点，文字输入后效果如右下图所示。

24 绘制直线并添加素材。为了区分标题和段落文字，选择工具箱中的"直线工具" ，单击属性栏的"填充像素"按钮 ，设置"粗细"为3像素，拖动鼠标绘制直线，打开光盘中的素材文件8-6-02.jpg，复制粘贴到当前文件中，更名为"条形码"，如左下图所示。

25 创建图层组。单击"创建新组"按钮 ，命名为"左侧文字"，将文字、"直线"和"条形码"图层移动到"左侧文字"组中，作为左侧盒面介绍文字，如右下图所示。

重点

26 复制图层组。拖动"左侧文字"组到"创建新图层"按钮 ■ 上，复制"左侧文字"组，更名为"右侧文字"，并移动到画面右侧，作为右侧盒面介绍文字，如左下图所示。

27 输入文字并存储文件。选择工具箱中的"横排文字工具" **T**，在图像下方输入文字，并设置字体为"黑体"，字号为10点，如右下图所示。执行"文件→存储"命令（存储快捷键：【Ctrl+S】），打开"存储为"对话框，将文件存储到光盘中结果文件中。

大师心得

制作包装平面图后，不能看到包装的实际成品效果，在商业设计过程中，为了让客户尽快确认设计效果，通常需要制作包装的立体效果图。

28 新建文件。下面制作包装立体效果图，按【Ctrl+N】快捷键，弹出"新建"对话框，设置"宽度"为14厘米，"高度"为20厘米，"分辨率"为300像素/英寸，如右图所示。

29 设置渐变色。选择工具箱中的"渐变工具" ■，在属性栏中单击渐变色条，打开"渐变编辑器"对话框，设置渐变色标为绿（R：0、G：51、B：0）浅绿（R：73、G：189、B：94）黄（R：255、G：255、B：0），如右下图所示。

30 填充渐变色。从上往下拖动"渐变工具" ▉ ，填充渐变色，作为包装盒的背景效果，如左下图所示。

31 复制对象。打开前面制作的包装平面文件，选择工具箱中的"矩形选框工具" ▢ ，选择作为包装正面的图像，执行"编辑→合并拷贝"命令（合并拷贝快捷键：【Shift+Ctrl+C】），如右下图所示。

32 粘贴对象。切换到立体效果图文件中，执行"编辑→粘贴"命令（粘贴快捷键：【Ctrl+V】），更名为"正面"，如左下图所示。

33 变换对象。执行"编辑→变换→斜切"命令，拖动变换点，斜切变换对象，如右下图所示。

34 变换选区。回到包装平面文件中，执行"选择→变换选区"命令，对选区进行变换，选中上方相同宽度的图像区域，按【Shift+Ctrl+C】快捷键合并复制图像，如左下图所示。切换到立体效果图文件中，按【Ctrl+V】快捷键粘贴对象，更名为"顶部"，执行"编辑→变换→扭曲"命令，拖动的变换点，扭曲变换对象，如右下图所示。

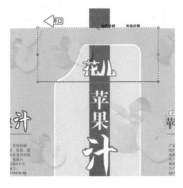

35 添加素材。回到包装平面文件中，执行"选择→变换选区"命令，对选区进行变换，选中上方顶部相同宽度的图像区域，如左下图所示。

36 创建圆角路径。选择工具箱中的"钢笔工具" ✎ ，在属性栏中单击"路径"按钮 ，设置"半径"为50像素，在选区内部拖动鼠标创建圆角路径，如右下图所示。

37 复制并粘贴对象。按【Ctrl+Enter】快捷键载入路径选区，按【Shift+Ctrl+C】快捷键合并复制对象；切换到立体效果图文件中，按【Ctrl+V】快捷键粘贴对象，更名为"提手"，如左下图所示；执行"编辑→变换→扭曲"命令，拖动的变换点，根据立体效果扭曲变换对象，如中下图所示。

38 调整对象。将"提手"图层移动到"顶部"图层下方，将提手下方的圆角填充白色，只保持上方的两个圆角效果，如右下图所示。

 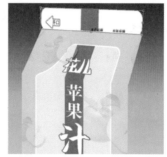 

> 包装的提手通常使用圆角，圆角的边缘平滑，可以给消费者留下容易亲近的良好印象，刺激消费者的购买欲望。

39 复制对象。选择工具箱中的"矩形选框工具" <kbd>[]</kbd>，选择作为包装侧面的图像，按【Shift+Ctrl+C】快捷键合并复制对象，如左下图所示。

40 粘贴对象。切换到立体效果图文件中，按【Ctrl+V】快捷键粘贴对象，更名为"侧面"；使用前面介绍的方法扭曲和缩放对象，制作盒子的侧面，如右下图所示。

41 新建图层并填充颜色。包装右上侧还有一个缺口，新建图层，命名为"折面"，选择工具箱中的"多边形套索工具" <kbd>▷</kbd>，在缺口处单击创建选区；设置前景色为墨绿色（R：95、G：133、B：88），按【Alt+Delete】快捷键填充选区，如左下图所示。

42 移动图层。将"折面"图层拖动到"顶部"图层下方，隐藏多余图像，执行"选择→取消选择"命令（取消选择快捷键：【Ctrl+D】）取消选区，如右下图所示。

苹果汁包装的立体锥形已经制作完成，但是要创建真实的立体效果，光影变化是不可或缺的，否则立体效果会生硬、不真实。

43 调整色阶。因为包装正面位于背光位置，需要调暗，选中"正面"图层，执行"图像→调整→色阶"命令，打开"色阶"对话框，（色阶快捷键：【Ctrl+L】），设置"输出色阶"的高光值为213，如左下图所示。

44 调整色阶效果。调整色阶后，正面颜色变暗，相比前面的效果，立体感更加真实了，效果如右下图所示。

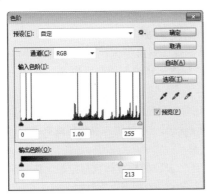 

45 继续调整色阶。包装侧面的颜色过亮，正确光影应该比正面更加灰暗，选中"侧面"图层，按【Ctrl+L】快捷键执行"色阶"命令，打开"色阶"对话框，设置"输出色阶"的高光值为180，如左下图所示；降低包装侧面颜色亮度后，效果如右下图所示。

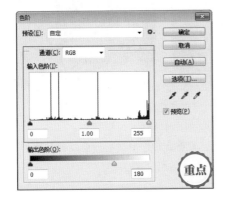 

46 调整折面色调。折面的折叠效果也没表现出现，需要进行调整，选中"折面"图层，选择工具箱中的"多边形套索工具" ∀，在区域内单击创建封闭选区，如左下图所示。

47 调整色阶。按【Ctrl+L】快捷键执行"色阶"命令，设置"输出色阶"的高光值为150，如右下图所示。

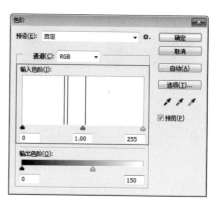

> 在商业案例制作过程中，在平面空间中表现立体对象的常用方法包括光影明暗调整，还可以通过添加倒影或阴影效果等方式，用户可以多尝试各种方法，使创建立体对象变得更加容易。

48 新建图层。新建图层，命名为"阴影"，移动到"背景"图层上方，选择工具箱中的"椭圆选框工具" ○，在包装盒下方拖动鼠标创建选区，执行"编辑→修改→羽化"命令（羽化快捷键：【Shift+F6】），打开"羽化半径"对话框，设置"羽化半径"为100像素，如左下图所示。

49 填充渐变并创建蒙版。按工具箱中的"恢复默认的前（背）景色"按钮 ■（快捷键：【D】键），选择工具箱中的"渐变工具" ■，在属性栏的渐变色条下拉列表框中，选择"黑色到透明渐变"，拖动鼠标填充渐变；单击"添加图层蒙版"按钮 □，创建图层蒙版，如中下图。

50 修改蒙版并更改不透明度。选择工具箱中的"画笔工具" ✐，根据立体盒形投影涂抹蒙版，修改阴影的明暗效果。因为阴影效果太过明显，降低"不透明度"为50%，如右下图所示。

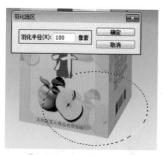

> 创建阴影效果时，要观察立体盒形的外观，根据盒形投影进行涂抹，涂抹的原则是远淡近深，明暗变化均匀。

51 复制并变换对象。将"正面"图层拖动到"创建新图层"按钮■上，复制该图层，更名为"倒影"，执行"编辑→变换→垂直翻转"命令，垂直翻转对象，移动到下方作为倒影，如左下图所示。

52 扭曲变换对象。执行"编辑→变换→扭曲"命令，拖动变换点扭曲变换对象，如中下图所示。

53 创建并修改蒙版。为"倒影"图层添加蒙版，选择"渐变工具"■，在属性栏的渐变预设下拉列表框中，选择"黑色到透明渐变"，拖动鼠标修改蒙版，隐藏部分图像，倒影图像太过醒目，作为装饰效果，适当降低不透明度，更改"不透明度"为50%，如右下图所示。

创建倒影效果时，即倒影和物体本身应该是平行关系，否则会看起来不真实。

54 绘制直线轮廓。新建图层，命名为"直线"。选择工具箱中的"直线工具"╱，单击属性栏的"填充像素"按钮■，设置"粗细"为3像素，拖动鼠标左键绘制直线，如左下图所示。

55 混合图层。更改"直线"图层混合模式为"柔光"，最终效果如右下图所示。

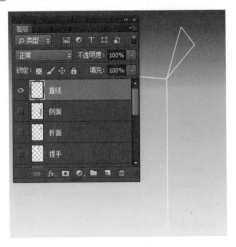 

案例 **07** 制作杂志封面效果

案例效果

制作分析

	制作关键
本例难易度 ★★★★☆	本实例首先制作杂志的底图效果，然后输入不同色彩和大小的版面文字，最后调整画面的整体饱和度，完成制作。
	技能与知识要点
	• 横排文字工具 • 橡皮擦工具 • 自由变换操作 • 色相/饱和度命令

具体步骤

01 新建文件。按【Ctrl+N】快捷键，打开"新建"对话框，设置"宽度"为210毫米，"高度"为297毫米，分辨率为72像素/英寸，如右图所示。

02 添加素材。打开光盘中的素材文件8-7-01.jpg，复制粘贴到当前文件中，移动到适当位置，按
【Ctrl+T】快捷键进入自由变换状态，调整照片的大小到合适的位置，按【Enter】键确定变换。如左下
图所示。

03 输入文字。设置前景色（R：255、G：0、B：174），选择"横排文字工具" T ，在其选项栏设
置字体为"Bodoni MT"，字号为165点，在图像中输入文字"VOGUE"，按【Enter】键确定，如中下
图所示。

04 变换文字。按【Ctrl+T】快捷键进入自由变换状态，拖动定界框将文字拉长，如右下图所示。

大师
心得
　　在各种杂志中，尤其是时尚杂志，经常用到人像数码照片，通过对照片的取景拍摄
和后期处理，加上各种文字的排列，制作成杂志封面。在制作时，文字的色彩可以根据
照片的色彩进行搭配。

05 删除多余图像。执行"图层→栅格化→文字"命令，将文字栅格化，选择"橡皮擦工具" ✐ 将盖
过人物头部区域的文字部分擦去，如左下图所示。

06 输入文字。继续在封面中创建文字，设置前景色为黑色，选择"横排文字工具" T ，文字字体设
置为"黑体"，英文字体设置为"Bell MT"，输入文字，如中下图所示。

07 继续输入文字。设置前景色（R：0、G：246、B：255），选择"横排文字工具" T 在杂志封面
中输入文字，调整不同的大小，如左下图所示。

08 输入文字。设置前景色（R：255、G：0、B：174），选择"横排文字工具" T 在封面中创建文
字，使画面更加饱和，如左下图所示。

09 调整饱和度。创建"色相/饱和度"调整图层，在"属性"面板中设置"饱和度"为31，如中下图所示，通过前面的操作，提升画面饱和度，效果如右下图所示。

> 因为杂志封面是需要打印输出的，所以在制作杂志封面时，分辨率尽量设置大一点，分辨率一般设置为300像素/英寸，不过在本实例中为了方便制作，分辨率设置为72像素/英寸。

案例 08 制作最萌最时尚宣传广告

案例效果

制作分析

制作关键

在本实例中，首先制作底图对象，添加装饰图案，并制作装饰图案的整体效果，突出萌的主体感觉；然后添加文字和花纹，文字和花纹的制作要整体和谐统一，突出文字主题；最后添加"色相/饱和度"调整图层，统一背景的整体色调，使整体色调符合广告所要表现的主题。

技能与知识要点

• 自由变换操作	• 图层样式	• 图层组操作
• "色相/饱和度"命令	• 横排文字工具	• 渐变工具

本例难易度 ★★★★☆

具体步骤

01 新建文件。按【Ctrl+N】快捷键，在打开的"新建"对话框中，设置"宽度"为30厘米，"高度"为15厘米，分辨率为300像素/英寸，如左下图所示。

02 添加素材。打开光盘中的素材文件8-8-01.jpg，复制粘贴到当前文件中，更名为"底图"，移动到适当位置，如右下图所示。

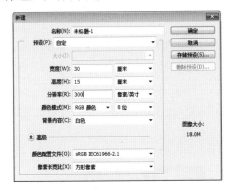 

03 复制图层。复制"底图"图层，更名为"底图2"，向右侧移动，铺满整个背景，如左下图所示。

04 新建组。新建组，命名为"装饰图案1"。新建图层，命名为"白竿"。如右下图所示。

05 创建矩形选区。选择工具箱中的矩形选框工具，在图像中拖动鼠标左键创建选区，如左下图所示。

06 填充渐变色。设置前景色为灰色（R：202、G：202、B：202），背景色为白色。选择工具箱中的渐变工具，从左至右拖动鼠标填充渐变色，如右下图所示。

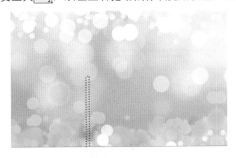 

07 添加素材。打开光盘中的素材文件8-8-02.jpg，选中主体对象，复制粘贴到当前文件中，更名为"红圈"，移动到左上方适当位置，如左下图所示。

08 复制对象。复制"红圈"对象，命名为"红圈2"。适当缩小对象，按住"Shift"键，垂直向上方拖动，移动对象位置，，如右下图所示。

　　　　自由变换对象时，按住【Alt+Shift】键，拖动对象四周的变换点，可以变换中心点为中心等比例缩放对象。

09 复制对象。复制"红圈"对象，命名为"红圈3"，按【Ctrl+T】快捷键，执行"自由变换"命令，向下方垂直拖动变换中心点，如左下图所示。

10 设置旋转角度。在选项栏中设置"旋转"为45度，如右下图所示。

11 重复旋转对象。按【Enter】键确认对象旋转操作后，按【Alt+Shift+Ctrl+T】快捷键6次，复制旋转对象，如左下图所示。

12 调整色相。选中"红圈3"图层，执行"图像→调整→色相/饱和度"命令，设置"色相"为-140，完成设置后，单击"确定"按钮，如右下图所示。

13 调整其他圆圈。使用相似的方法调整其他圆圈的颜色，如左下图所示；为了方便操作，合并复制的所有圆圈，更名为"小圆圈"，如右下图所示。

14 添加素材。打开光盘中的素材文件8-8-03.jpg，选中主体对象，复制粘贴到当前文件中，更名为"内圈"，移动到红圈内部适当位置，效果如左下图所示。

15 继续添加素材。打开光盘中的素材文件8-8-04.jpg，选中主体对象，复制粘贴到当前文件中，更名为"蝴蝶结"，移动到下方适当位置，如右下图所示。

16 复制组。复制"装饰图案1"组，更名为"装饰图案2"。如左下图所示；按【Ctrl+T】快捷键，执行"自由变换"命令，适当缩小对象，并移动到右下方，如右下图所示。

17 继续添加素材。打开光盘中的素材文件8-8-05.jpg，选中主体对象，复制粘贴到当前文件中，更名为"拖鞋"，移动到左侧适当位置，如左下图所示。

18 输入文字。选择工具箱中的"横排文字工具"Ｔ，在右侧输入文字"最萌最时尚"，在选项栏中设置字体为"汉仪大宋简"，字号为60点，如右下图所示。

19 调整文字属性。调整文字的基线、字间距和大小，形成错落有致的文字效果，如左下图所示。

20 添加花纹素材。打开光盘中的素材文件8-8-06.jpg，选中主体对象，复制粘贴到当前文件中，更名为"花纹"，移动到文字下方适当位置，如右下图所示。

21 添加投影。双击"花纹"图层，打开"图层样式"对话框，勾选"投影"选项，设置参数如左下图所示。

22 添加颜色。在"图层样式"对话框中，勾选"颜色叠加"选项，设置叠加颜色为蓝紫色（R：77、G：57、B：224），设置参数如右下图所示。

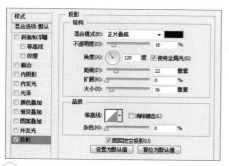
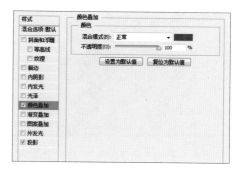

为了得到个性装饰花纹，用户可以使用"钢笔工具" 进行绘制，操作方法非常简单；本例为了方便讲述，直接使用绘制好的素材作为文字装饰花纹。

23 复制粘贴图层样式。添加图层样式后，图像效果如左下图所示；右击"花纹"图层，在打开的快捷菜单中选择"拷贝图层样式"命令，右击文字图层，在打开的快捷菜单中选择"粘贴图层样式"命令，如右下图所示。

24 输入文字。选择工具箱中的"横排文字工具" T，在下方输入文字"2018•雅致 summer SALE"，在选项栏中设置字体为"汉仪大宋简"，字号为18点，文字颜色为绿色（R: 43、G: 186、B: 51），如左下图所示。

25 输入文字。使用"横排文字工具" T选中字母"summer"，更改字体为"Arial"，字号为20点；使用"横排文字工具" T选中字母"SALE"，颜色更改为红色，字体更改为"Arial"，字号更改为40点，如右下图所示。

26 继续输入文字。使用"横排文字工具" T.在图像中输入文字，在选项栏中设置字体为"宋体"，字号为11点，单击"居中对齐文本"按钮，如左下图所示。

27 继续输入文字。单击"切换字符和段落面板"按钮，打开"字符"面板，设置"行距"为16点，如右下图所示。

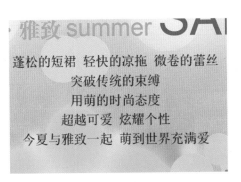 

28 创建调整图层。单击"底图2"图层，创建"色相/饱和度"调整图层，在弹出的"属性"面板中，设置"色相"为-100，如左下图所示；最终效果如右下图所示。

 ## 上机实战——跟踪练习成高手

通过前面内容的学习，相信读者对制作商业案例已有所认识和掌握，为了巩固前面知识与技能的学习，下面安排一些典型实例，让读者自己动手，根据光盘中的素材文件与操作提示，独立完成这些实例的制作，达到举一反三的学习目的。

 为了方便学习，本节相关实例的素材文件、结果文件，以及同步教学文件可以在配套的光盘中查找，具体内容路径如下。

原始素材文件：光盘\素材文件\第8章\上机实战
最终结果文件：光盘\结果文件\第8章\上机实战
同步教学文件：光盘\多媒体教学文件\第8章\上机实战

实战 **01** 时尚简约登录框设计

实 战 效 果

操 作 提 示

本例难易度	★★★★☆	制作关键
		本实例主要通过使用"渐变填充"、"矩形工具"等创建出登录框，然后添加图层样式使登录框更加立体、时尚，最后通过添加文字，完成制作。
		技能与知识要点
		• "添加矢量蒙版"的使用 • "渐变填充"的使用

主 要 步 骤

01 新建文档并填充颜色。按【Ctrl+N】快捷键新建一个宽度为1180像素、高度为780像素、分辨率为72像素/英寸的文档，设置前景色颜色值为（R：184、G：207、B：176），按【Alt+Delete】快捷键填充，如左下图所示。

02 设置渐变颜色。单击"图层"面板底部的"创建新的填充或调整图层"按钮 ◑，在弹出的菜单中选择"渐变填充"，在弹出的"渐变填充"对话框中设置颜色值为（R：13、G：35、B：0）、（R：100、G：149、B：5）其他参数设置如右下图所示。

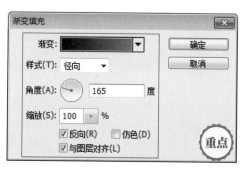

03 绘制圆角矩形轮廓。设置前景色为黑色，选择工具箱中的"圆角矩形工具" ，在选项栏中设置半径为15像素,单击选项栏中的"填充像素"按钮，在图像中创建圆角矩形轮廓，按【Ctrl+I】快捷键反选图像，并命名图层为"图层1"，如左下图所示。

04 添加内发光效果。双击"图层1"，在弹出的"图层样式"对话框中选择"内发光"选项，参数设置如右下图所示。

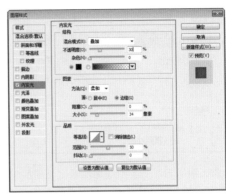

执行"渐变填充"命令后，"图层"面板将自动生成"渐变填充"调整图层以及图层蒙版缩览图，并且将自动选中该调整图层的蒙版缩览图，读者在对其他图层进行编辑时，需确定选中的是调整图层。

05 添加投影效果。在"图层样式"面板中选择"投影"选项，参数设置如左下图所示。设置完成后，效果如右下图所示。

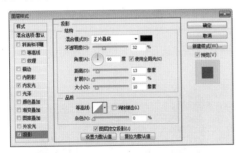

06 绘制高光效果。按住【Ctrl】键单击"图层蒙版缩览图"，调出选区；新建"图层2"，选择工具箱中的"椭圆工具" 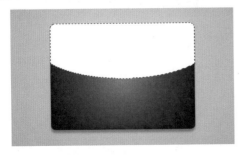，在图像中创建椭圆图形，如左下图所示。设置"不透明度"为15%，效果如右下图所示。

07 设置渐变填充参数。单击"图层"面板底部的"创建新的填充或调整图层"按钮 ，在弹出的菜单中选择"渐变填充"，在弹出的"渐变填充"对话框中设置颜色值为（R：99、G：112、B：138）、（R：160、G：170、B：196），其他参数设置如左下图所示。

08 绘制图形。执行"窗口→蒙版"命令，在弹出的"蒙版"对话框中，单击"选择矢量蒙版"按钮 ；选择工具箱中的"钢笔工具" ，在图像中绘制形状，并命名为"图层3"，效果如右下图所示。

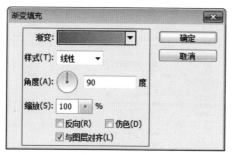 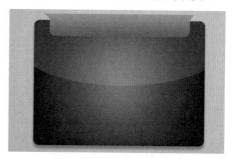

09 添加投影与渐变叠加效果。双击"图层3"，在弹出的"图层样式"面板中，选择"渐变叠加"选项，参数设置如左下图所示；选择"投影"选项，参数设置如右下图所示。

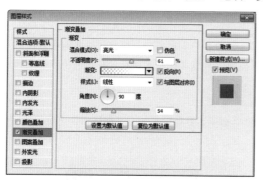 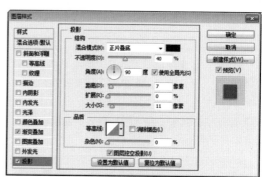

10 绘制椭圆轮廓。设置完成后，效果如左下图所示。新建图层"图层4"，选择工具箱中的"椭圆选框工具" ，绘制椭圆轮廓，如右下图所示。

11 添加渐变叠加效果。双击"图层4"，在弹出的"图层样式"面板中选择"渐变叠加"选项，参数设置如左下图所示。

12 旋转位置。设置完成后，选择"图层4"拖动至"背景"图层上方，复制"图层4"得到"图层4副本"，执行"编辑→变换→水平翻转"命令，向右移动至合适位置，效果如右下图所示。

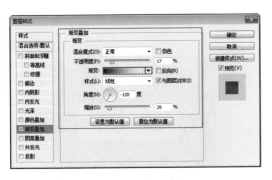

13 绘制边缘高光效果。为了使效果更加立体，可绘制出边缘高光效果。新建"图层5"，选择工具箱中的"画笔工具" ，在选项栏中设置画笔样式为"柔边圆"、大小为20像素，设置前景色为白色，在图像中绘制白色圆点，效果如左下图所示。按【Ctrl+T】快捷键调整图像大小如右下图所示。

14 添加内阴影效果。选择工具箱中的"横排文字工具" **T**，在图像中输入文字，设置字体颜色值为（R：106、G：119、B：145）如左下图所示。双击文字图层，在弹出的"图层样式"面板中选择"内阴影"选项，参数设置如右下图所示。

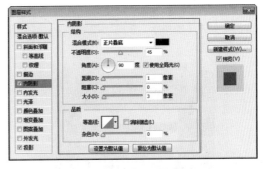

15 添加投影效果。选择"投影"选项，参数设置如左下图所示。设置完成后，效果如右下图所示。

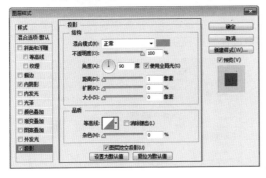

16 绘制高光效果。新建"图层6"，设置前景色为白色，选择工具箱中的"圆角矩形工具" ，在选项栏中设置半径为30像素，单击选项栏中的"填充像素"按钮 ，在图像中创建圆角矩形轮廓，设置图层"不透明度"为30%，效果如左下图所示。

17 绘制登录框。新建"图层7"，选择工具箱中的"矩形工具" ▣，单击选项栏中的"填充像素"按钮▣，创建两个大小相同的矩形，如右下图所示。

18 输入文字。选择工具箱中的"横排文字工具" T，在图像中输入文字，如左下图所示。输入文字后的效果，如右下图所示。

19 绘制按钮轮廓。新建"图层8",选择"矩形工具" ▣，单击选项栏中的"填充像素"按钮▣，创建正方形，如左下图所示。新建"图层9"，选择"圆角矩形工具" ▢，创建圆角矩形工具轮廓，如右下图所示。

20 添加渐变叠加与内发光效果。双击"图层9"在弹出的"图层样式"面板中选择"渐变叠加"选项，参数设置如左下图所示。选择"内发光"选项，参数设置如右下图所示。

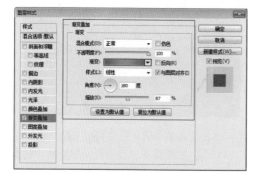

21 绘制高光效果。设置完成后，效果如左下图所示。新建"图层10"，选择工具箱中的"钢笔工具" ,绘制高光效果，按【Ctrl+Enter】快捷键选择为选区，填充选区为白色，设置图层"不透明度"为20%，如右下图所示。

22 输入文字并添加投影效果。选择工具箱中的"横排文字工具" **T**，在图像中输入文字，如左下图所示。双击文字图层，在弹出的"图层样式"对话框中选择"投影"选项，参数设置如右下图所示。

 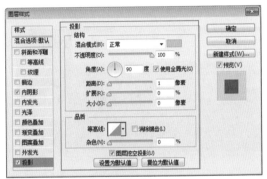

23 添加内阴影效果。选择"内阴影"选项，参数设置如左下图所示。设置完成后，效果如右下图所示。

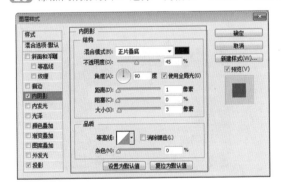 

24 填充颜色。新建"图层11"，选择"圆角矩形工具" ,在登录框的右下角绘制圆角矩形，按【Ctrl+Enter】快捷键将路径转换为选区；设置前景色颜色值为（R：174、G：2、B：0）、背景色颜色值为（R：103、G：1、B：0）。

25 创建渐变效果。选择工具箱中的"渐变工具" ,在其选项栏中选择渐变方式为"前景色到背景色渐变"，渐变类型为"径向渐变" ,并在照片中从中间至四周拖动鼠标，填充渐变颜色，效果如左下图所示。

26 添加内发光效果。双击"图层11"，在弹出的"图层样式"面板中选择"内发光"选项，参数设置如右下图所示。

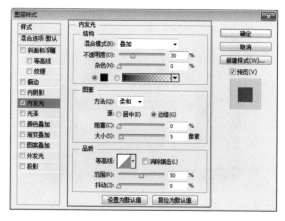

27 绘制高光。设置完成后，效果如下左图所示。新建"图层12"，选择工具箱中的"多边形套索工具" ⛀ ，绘制高光轮廓，并填充为白色，设置图层的"不透明度"为15%，效果如右下图所示。

28 绘制关闭图标。新建"图层13"，选择工具箱中的"矩形工具"，绘制图形如左下图所示。绘制完成后，填充选区为白色，完成效果如右下图所示。

实战 02 精菜馆菜谱封面设计

实战效果

操作提示

本例难易度 ★★★★☆☆

制作关键

本实例的主色采用高雅的深红色，配色采用金黄渐变色。文字设计采用典雅、优美的艺术效果风格，设计元素的组合上非常用心，突出了餐饮的档次和菜品的精致。

技能与知识要点

- 渐变工具、画笔工具
- 图层样式
- 矩形选框工具和椭圆选框工具

- 渐变工具
- 横排文字工具

主要步骤

01 新建文件。按【Ctrl+N】快捷键，在打开的"新建"对话框中，设置"宽度"为42厘米，"高度"为29.7厘米，"分辨率"为200像素/英寸，如右图所示。

新建	
名称(N): 未标题-1	确定
预设(P): 自定	取消
大小(I):	存储预设(S)...
宽度(W): 42 厘米	删除预设(D)...
高度(H): 29.7 厘米	
分辨率(R): 200 像素/英寸	
颜色模式(M): RGB 颜色 8位	
背景内容(C): 白色	图像大小:
☆ 高级	22.1M

02 填充渐变色。设置前景色为红色（R：255、G：0、B：0），背景色为深红色（R：109、G：0、B：0），选择工具箱中的"矩形选框工具" [⬚]，拖动鼠标左键创建选区，选择工具箱中的"渐变工具" ▬，在属性栏中单击"径向渐变"按钮▣，从中心向右上方拖动鼠标左键，创建渐变填充，如右图所示。

　　　　本实例菜谱的成品尺寸为21厘米×29.7厘米，本例制作摊开的对页，在不考虑出血的情况下，尺寸为42厘米×29.7厘米。需要注意的是，在制作印刷品时，四周分别需要加上2～4mm毫米的出血线，且分辨率应达到300像素/英寸，本实例为加快速度，将分辨率降低到200像素/英寸。

03 添加素材。打开素材文件8-2-01.jpg，选中主体对象，复制粘贴到当前文件中，更名为"下方花朵"，如左下图所示。

04 添加投影。双击"下方花朵"图层，打开"图层样式"对话框，勾选"投影"选项，设置"角度"为120度，"距离"为6像素，"扩展"为26%，"大小"为53像素，如右下图所示。

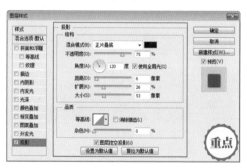

05 复制花朵对象。复制"下方花朵"图层，更名为"上方花朵"，移动到上方位置，执行"编辑→自由变换"命令（自由变换快捷键：【Ctrl+T】），拖动变换点缩小对象，如左下图所示。

06 新建图层。新建图层，命名为"渐变底色"，选择工具箱中的"矩形选框工具" [⬚]，拖动鼠标左键创建选区，按【Alt+Delete】快捷键填充前景红色，如右下图所示。

07 添加图层样式。双击"渐变底色"，图层，打开"图层样式"对话框，勾选"渐变叠加"选项，单击渐变色条，设置渐变色标为浅黄（R：168、G：109、B：19）到深黄（R：255、G：255、B：199），设置参数如左下图所示。

08 添加素材。打开素材文件8-2-02.jpg，执行"编辑→全选"命令（全选快捷键：【Ctrl+A】）全选对象，复制粘贴到当前文件中，更名为"花纹"，更改混合模式为"叠加"，效果如右下图所示。

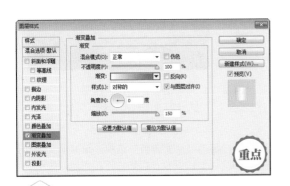

菜谱设计中常采用的配色方式是深红色配金黄渐变，深红色能突出餐馆的古典、雅致，金黄渐变色可以提升餐馆的档次。

09 新建图层。新建图层，命名为"线条"，选择工具箱中的"矩形选框工具"，拖动鼠标左键创建选区，如左下图所示。

10 设置渐变色。选择工具箱中的"渐变工具"，在属性栏中单击"线性渐变"按钮，单击渐变色条，打开"渐变编辑器"对话框，设置渐变色标为深诸黄（R：255、G：255、B：199）、浅黄（R：168、G：109、B：19）、深诸黄（R：255、G：255、B：199）。

11 填充渐变色。在选区中，从左向右拖动鼠标左键，创建渐变填充，如右下图所示。

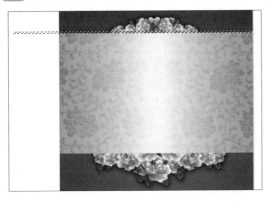

12 复制对象。按住【Alt+Shift+Ctrl】快捷键，拖动上方直线，垂直复制对象，释放鼠标左键后，复制对象，且两条直线都位于"线条"图层中，如左下图所示。

13 添加素材。打开素材文件8-2-03.jpg，选中文字对象，复制粘贴到当前文件中，更名为"菜谱"，如右下图所示。

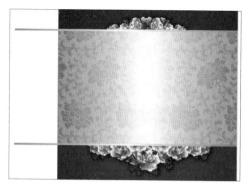 

14 添加"投影"图层样式。双击"菜谱"图层，打开"图层样式"对话框，勾选"投影"选项，设置"不透明度"为100%，"距离"为7像素，"角度"为120度，"扩展"为0%，"大小"为0像素，如左下图所示。

15 添加"渐变叠加"图层样式。在"图层样式"对话框中，勾选"渐变叠加"选项，设置渐变色标为红色（R：255、G：0、B：0），深红色（R：109、G：0、B：0），设置参数如右下图所示。

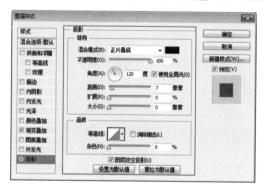 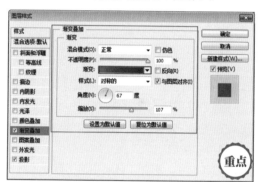

16 输入文字。选择工具箱中的"横排文字工具" **T**，在图像中输入字母，设置字体为"方正宋三简体"，字号为29点，如左下图所示。

17 添加"投影"图层样式。双击字母文字图层，打开"图层样式"对话框，勾选"投影"选项，设置"不透明度"为100%，"角度"为120度，"距离"为4像素，扩展为0%，"大小"为0像素，如右下图所示。

 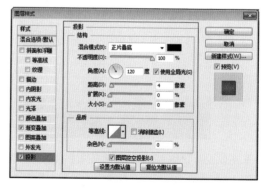

18 添加"渐变叠加"图层样式。在"图层样式"对话框中，勾选"渐变叠加"选项，设置渐变色标为红色（R：255、G：0、B：0）、深红色（R：109、G：0、B：0），参数设置如左下图所示。

19 输入文字。选择工具箱中的"横排文字工具" T，输入字母"CAIPU"，在属性栏中设置字体为"Parchment"，字号为43点，如右下图所示。

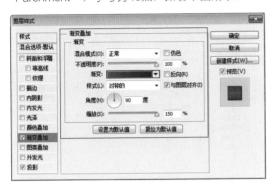 

20 添加投影效果。双击"CAIPU"文字图层，打开"图层样式"对话框，勾选"投影"选项，参数设置如左下图所示。

21 添加"渐变叠加"图层样式。在"图层样式"对话框中，勾选"渐变叠加"选项，设置渐变色标为红色（R：255、G：0、B：0），深红色（R：109、G：0、B：0），参数设置如右下图所示。

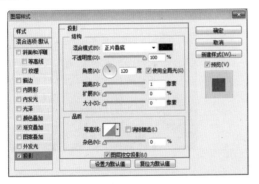 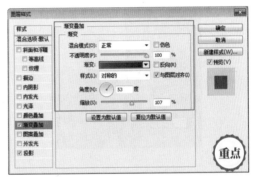

22 添加素材。打开光盘中的素材文件8-2-04.jpg，选中主体对象，复制粘贴到当前文件中，放置到适当位置，更名为"上海精菜馆"，如左下图所示。

23 输入文字。选择工具箱中的"横排文字工具" T，输入文字，在属性栏中设置字体为"方正大标宋简体"，字号为36点，如右下图所示。

24 添加"投影"图层样式。双击"精选美食节"文字图层，打开"图层样式"对话框，勾选"投影"选项，参数设置如左下图所示。

25 添加"渐变叠加"图层样式。在"图层样式"对话框中，勾选"渐变叠加"选项，设置色标为浅黄色（R：168、G：109、B：19），诸黄色（R：255、G：255、B：199），参数设置如右下图所示。

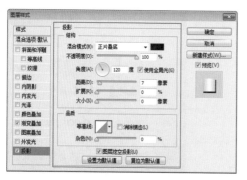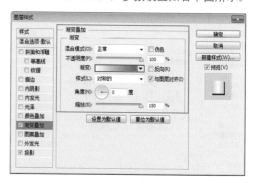

26 输入文字。选择工具箱中的"横排文字工具" T，在属性栏中设置字体为"Book Antiqua"，字号为18点，输入文字，复制"精选美食节"文字图层的图层样式，粘贴到当前图层中，如左下图所示，效果如右下图所示。

27 添加素材。打开光盘中的素材文件8-2-05.jpg，选中主体对象，复制粘贴到当前文件中，放置到适当位置，更名为"盘"。双击"盘"文字图层，打开"图层样式"对话框，参数设置如左下图所示，效果如右下图所示。

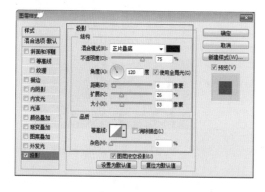

28 添加素材。打开光盘中的素材文件8-2-06.jpg，选中主体对象，复制粘贴到当前文件中，放置到适当位置，更名为"筷"，如左下图所示。

29 输入文字。选择工具箱中的"横排文字工具" ，在属性栏中设置字体为"方正魏碑简体"，字号为66点，输入文字，如右下图所示。

30 添加图层样式。双击"食"文字图层，打开"图层样式"对话框，勾选"斜面和浮雕"选项，参数设置如左下图所示；勾选"渐变叠加"选项，设置色标为浅黄色（R：168、G：109、B：19）、诸黄色（R：255、G：255、B：199），参数设置如右下图所示。

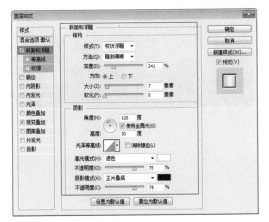
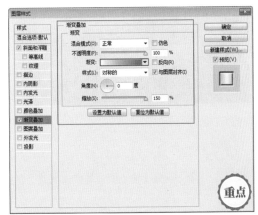

31 复制图层。拖动"右侧底图"图层到"创建新图层"按钮上，复制该图层，更名为"左侧底图"，移动到画面右侧，并移动到"图层"面板最上层，如左下图所示。

32 添加素材。打开光盘中的素材文件8-2-07.tif，复制粘贴到当前文件中，放置到适当位置，更名为"风景"，设置图层混合模式为"线性加深"，溶合素材图像，效果如右下图所示。

在制作商业案例过程中，有些文件图层特别多，如果使用拖动的方式调整图层顺序会非常不方便，在这样的情况下，按【Ctrl+【】快捷键可以将当前图层下移一层；按【Ctrl+】】快捷键可以将当前图层上移一层。

33 添加素材。打开光盘中的素材文件8-2-08.jpg，选中主体对象，复制粘贴到当前文件中，放置到适当位置，更名为"飘带"，如左下图所示。

34 继续添加素材。打开光盘中的素材文件8-2-09.jpg，选中主体对象，复制粘贴到当前文件中，放置到适当位置，更名为"人物"，设置"不透明度"为84%，如右下图所示。

这里添加"风景"素材，是为了丰富版面的层次感；降低"人物"图层的不透明度，是为了使版面的真实感更强，使平面作品有立体视觉效果。

35 复制图层。拖动"上海精菜馆"图层到"创建新图层"按钮上，复制该图层，更名为"上海精菜馆2"，并移动到画面左侧，执行"编辑→自由变换"命令（自由变换快捷键：【Ctrl+T】），适当扩大对象，按【Ctrl+Enter】快捷键确认变换，如左下图所示。

36 输入文字。选择工具箱中的"横排文字工具"，输入文字，在属性栏中设置字体为"方正黑体简体"，字号为14点，在"字符"面板中，设置字间距为1800，并使用前面介绍的方法添加"投影"和"渐变叠加"图层样式，效果如右下图所示。

37 创建矩形选区。新建图层，命名为"上侧弧线"，选择工具箱中的"矩形选框工具" ，在图像左上方拖动鼠标左键创建矩形选区，如左下图所示。

38 创建弧形选区。为了创建弧形选区，单击属性栏的"从选区减去"按钮 ，选择工具箱中的"椭圆选框工具" ，减选区域，创建弧形选区，如右下图所示。

39 填充选区并添加"渐变叠加"图层样式。为选区填充红色（R：255、G：0、B：0），双击"上侧弧线"图层，弹出"图层样式"对话框，勾选"渐变叠加"选项，设置渐变色标为浅黄（R：168、G：109、B：19）、深诸黄（R：255、G：255、B：199），参数设置如左下图所示。

40 复制图层。将"上侧弧线"图层拖动到"创建新图层"按钮上，复制该图层，更名为"下侧弧线"，如右下图所示。

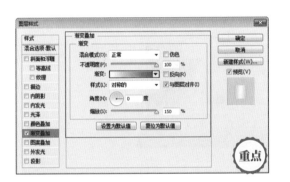

41 翻转对象。执行"编辑→自由变换"命令（自由变换快捷键：【Ctrl+T】），在变换框内右击，弹出快捷菜单，选择"垂直翻转"命令，如左下图所示，按【Ctrl+Enter】快捷键确认变换。

42 载入画笔。选择工具箱中的"画笔工具" ，单击属性栏的画笔预设按钮，在打开的下拉列表框中，单击右上方的"扩展"按钮 ，在打开的快捷菜单中，选择"载入画笔"选项；新建图层，命名为"星星装饰"，选择工具箱中的"画笔工具" ，选择载入的星星笔刷，在图像中拖动鼠标左键，绘制星星装饰对象，如右下图所示。

大师心得

> 绘制星星对象的主要目的是为了起到装饰作用。星星对象需要绘制在适当的位置，起到画龙点睛的作用；切勿绘制得太多、太杂，没有规律，否则只会起到画蛇添足的反作用。

实战 03 设计制作唯美婚纱模板

实战效果

操作提示

本例难易度 ★★★☆☆	制作关键
	本实例主要通过创建"背景"图层、并填充渐变色，然后创建文字图层并添加婚纱素材，最后创建圆圈形状并添加图层蒙版，完成制作。
	技能与知识要点
	• "图层蒙版"的使用 • "横排文字工具"的使用

主要步骤

01 新建文档。按【Ctrl+N】快捷键，新建一个宽度为30厘米，高度为22.5厘米，分辨率为200像素/英寸的文档，如左下图所示。

02 设置渐变颜色。设置前景色为绿色（R：129、G：255、B：83），背景色为浅绿色（R：216、G：255、B：185），选择工具箱中的"渐变工具" ，在属性栏中单击"线性渐变"按钮，从上方向下方拖动鼠标左键，创建渐变填充，如右下图所示。

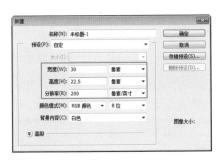

03 创建文字。选择工具箱中的"横排文字工具" **T**，输入文字；选择相应的文字，设置文本格式，效果如左下图所示。

04 创建字母。选择工具箱中的"横排文字工具" **T**，输入英文文字，如右下图所示。

05 添加素材。打开素材文件8-3-01.tif，选中主体对象，复制粘贴到当前文件中，更名为"文字"，如左下图所示；打开素材文件8-3-02.tif，选中主体对象，复制粘贴到当前文件中，更名为"左侧花纹"，如右下图所示。

06 复制花纹。在花纹上创建选区，按【Ctrl+J】键复制选区花纹；调整并移动到右侧适当位置，如左下图所示。

07 创建渐变。在图像底部创建渐变，为模板的背景增加一些颜色上的层次变化，效果如右下图所示。

08 创建渐变。在图像下方创建渐变，使素材文件与当前图像能够更好地融合在一起，如左下图所示。

09 绘制图形。新建"相框"图层，设置前景色为白色，选择工具箱中的"矩形选框工具" [] ，拖动鼠标左键创建选区，按【Alt+Delete】快捷键填充前景色。

10 添加图层样式。双击"相框"图层，打开"图层样式"对话框，勾选"投影"选项，其他参数设置如右下图所示。

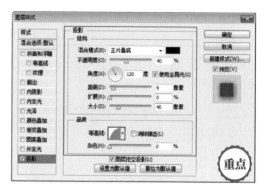

11 栅格化图层样式。为了不使后面的调整影响当前图层样式的效果，可在图层样式中右击，在弹出的快捷菜单中选择"栅格化图层样式"命令，如左下图所示。

12 栅格化图层样式。即可将该图层栅格化为普通图层，效果如右下图所示。

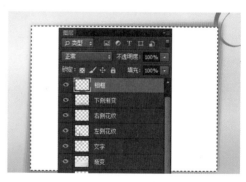

13 羽化选区。按【Shift+F6】快捷键，打开"羽化选区"对话框，参数设置如左下图所示；执行"选择→修改→收缩"菜单命令，打开"收缩选区"对话框，参数设置如右下图所示。

14 绘制圆圈。按【Delete】键删除选区图像，效果如左下图所示。按【Ctrl+D】键取消选区，选择工具箱中的"椭圆选框工具" ⬭ ，绘制圆圈，复制花纹并移动到圆圈中，复制并缩小圆圈和花纹，如右下图所示。

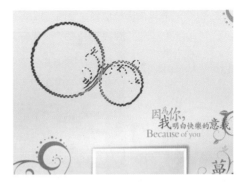

15 完成元素的绘制。完成婚纱模板元素的绘制，效果如左下图所示。

16 添加素材。打开素材文件8-3-03.jpg，按下【Ctrl+A】快捷键全选图像，复制粘贴到当前文件中，更名为"图层1"；创建图层蒙版，效果如右下图所示。

17 使边缘与图像融合。为了使图像融合到当前文件中，可使用渐变在蒙版中将边缘隐藏，效果如左下图所示。

18 添加素材。打开素材文件8-3-04.jpg，按下【Ctrl+A】快捷键全选图像，复制粘贴到当前文件中，更名为"图层2"；将该图层移动到"相框"图层下方，按【Ctrl+T】快捷键调整图像大小，如右下图所示。

19 创建蒙版。将图层移动到适当位置，根据相框的边缘创建选区，单击"图层蒙版"按钮 ■ 创建图层蒙版，隐藏图像多余的部分，如左下图所示。

20 添加素材。打开素材文件8-3-05.jpg，按下【Ctrl+A】快捷键全选图像，复制粘贴到当前文件中，更名为"图层3"；将该图层移动到"圆圈"图层下方，按【Ctrl+T】快捷键调整图像大小，如右下图所示。

21 调整位置。将图层移动到适当位置，根据相框的边缘创建选区，单击"图层蒙版"按钮 ■ 创建图层蒙版，如左下图所示；调整文件中各元素的位置，设置"左侧花纹"的透明度为10%，效果如右下图所示。

大师心得

在设计婚纱模板时，所有的内容都是可以移动或调整的，在制作过程中可以根据照片的具体情况进行不同的设计。

本 章 小 结

本章主要讲述了海报、婚纱模板、网页设计、VIP卡等制作方法。在学习本章的过程中，读者明确设计者想要表达的主题是非常重要的。在制作过程中，要学会把握设计的整体风格，在进行细节处理时也非常重要，如素材的合成、字体的选择等。读者在设计过程中应多思考，多实践，只有从与众不同的视觉出发进行创意才能取得成功。